As vinte mil léguas de

Charles Darwin

LEDA CARTUM * SOFIA NESTROVSKI

As vinte mil léguas de Charles Darwin

O caminho até *A origem das espécies*

edições Sesc

FÓSFORO

Quem, uma vez na vida, não espionou os passos e o trajeto de uma formiga, não enfiou uma palha no único orifício pelo qual respira uma lesma amarela, não estudou os caprichos de uma delicada libélula, não admirou as inúmeras veias, coloridas como uma rosa de catedral gótica, que se destacam contra o fundo avermelhado das folhas de um jovem carvalho? Quem não observou durante muito tempo, deliciosamente, o efeito da chuva e do sol sobre um telhado castanho, ou não contemplou as gotas do orvalho, as pétalas das flores, o recorte variado de seus cálices? Quem não mergulhou nesses devaneios materiais, indolentes e ocupados, sem finalidade e que no entanto conduzem a algum pensamento?

HONORÉ DE BALZAC, *A PELE DE ONAGRO*.[1]

Prefácio

Leda Cartum e Sofia Nestrovski

"Aguce o seu ouvido" — disse o mestre budista Nagasena ao entregar um livro para o rei Milinda. Era um livro escrito alguns séculos antes, perto de Mântua, no qual um poeta latino evocava o rio que passava diante dos olhos dele. Nagasena perguntou a Milinda: "você consegue escutar o que ele diz?". O rei respondeu que escutava apenas o barulho do vento nas folhagens ao redor. "Aguce o seu ouvido", Nagasena pediu, "o que você escuta?". O rei disse escutar um pequeno rangido. "Aguce o seu ouvido", o mestre repetiu. O rei escutou um homem raspando uma pena sobre um volume desenrolado. "Aguce o seu ouvido." Milinda conseguiu escutar então a respiração do poeta, o barulho do vento nas folhagens ao redor do poeta e até o som dos pensamentos do poeta, enquanto, séculos antes, ele escrevia o livro que o rei agora tinha em mãos.

Aguçar os ouvidos para ler um livro. É um pedido estranho. Mas é também o pedido que fazemos a você, agora que este livro está em suas mãos. Provavelmente você não vai ouvir uma pena que raspa sobre um pergaminho, nem a respiração de um poeta latino; mas o que desejamos é que você ainda assim mantenha os ouvidos aguçados.

Este livro nasceu como *Vinte mil léguas: o podcast de ciências e livros.** Os textos que você vai ler agora foram primeiro pensados como roteiros para serem falados e ouvidos, acompanhados de efeitos sonoros e de uma trilha musical composta especialmente para eles. Só depois de a temporada já ter sido lançada para ser ouvida é que esses roteiros foram adaptados para serem lidos. Na transposição do papel à voz e, em seguida, da voz ao papel, os textos passaram por uma série de mudanças. Neste livro, que agora se apresenta para ser lido em silêncio, entendemos também que cada leitor vai encontrar sua maneira própria e particular de escutar aquilo que lê.

Apesar dessa origem como podcast, é preciso dizer que o *Vinte mil léguas* tem uma concepção ainda anterior — e que remete, justamente, aos livros. A ideia sempre foi ler os cientistas como escritores, e convidar o ouvinte a abrir novos livros depois de escutar os episódios. E, no entanto, quando chegou a hora de adaptar os roteiros para transformá-los em um livro de fato, percebemos que eles não se pareciam muito com os livros que nos inspiraram; o tom deste livro é próprio da fala. Olhando para o texto agora, no papel, dá para ver que ele mantém essa assinatura, que guarda a memória de ter sido antes um podcast. Este é um livro contaminado pela fala e pela escuta. Talvez mais um motivo para que você o leia com ouvidos atentos.**

---

* Uma produção da revista *Quatro Cinco Um*, em parceria com a Livraria Megafauna e com apoio do Instituto Serrapilheira.

** Durante o processo de escrita dos roteiros, em meados de 2020, escutamos os 32 episódios do podcast de história *Agora, agora e mais agora*, do político e professor português Rui Tavares, com produção do jornal *O Público*. O podcast, que foi pensado originalmente como um livro, e que foi adaptado para a voz devido ao contexto da pandemia, nos apontou um caminho para criar algo na intersecção dos domínios da escrita e da fala — algo que só soubemos ser de fato possível depois de escutá-lo.

Livro não tem trilha sonora (não vai ser possível encontrar, nas próximas páginas, a composição para viola da gamba, um instrumento de cordas típico dos séculos 16 e 17, de Fred Ferreira para a abertura dos episódios). Mas aqui temos recursos que não estão disponíveis no áudio: o projeto gráfico de Flávia Castanheira e as diversas imagens são os novos acompanhamentos para os capítulos. Além disso — já que, num texto escrito, quem dita o ritmo da leitura é o leitor — nós nos sentimos mais à vontade para trabalhar com citações e desdobramentos um pouco mais longos. Para isso, contamos também com algumas histórias adicionais, que entram em boxes neste livro, escritas em colaboração com Rafael Montes e Gabriel Joppert.

A pesquisa para este projeto teve início com a leitura de *A origem das espécies*, de Charles Darwin. Nós não temos formação em Biologia, mas em Letras. E vimos na principal obra de Darwin a possibilidade de entrar no mundo das ciências pelo mesmo caminho que a literatura oferece: o de um olhar demorado para o mundo. Um olhar curioso para o que existe ao redor, que não se apega a verdades prévias ou dogmatismos; um olhar atento às menores e também às maiores coisas, e à maneira com a qual as coisas se mostram. Encontramos na prosa de Darwin aquilo que George Orwell diz ser necessário à sua profissão de autor: um amor pelo que existe na superfície da Terra.*

Nós nos demoramos em uma leitura apreciativa de *A origem das espécies*, a partir das ferramentas de leitura que conhecemos alguns anos atrás, como estudantes na faculdade de Letras: buscar num texto as *influências* que a escrita do autor evoca (daí que apa-

---

* George Orwell, "Por que escrevo". *Por que escrevo e outros ensaios*. São Paulo: Companhia das Letras, 2021. Trad. de Cláudio Marcondes.

reçam, nos próximos capítulos, nomes como os dos poetas John Milton, William Wordsworth e Samuel Taylor Coleridge); considerar o *tom* da prosa, percebendo aqui e ali o senso de humor de Darwin, o seu maravilhamento diante do mundo, mas também uma angústia existencial, que se relaciona com o momento histórico em que Darwin vivia e produzia (falamos, por exemplo, de Thomas Malthus e do medo de que o mundo poderia estar chegando ao fim); perceber de que modo o livro de Darwin se inseriu na cultura literária após sua publicação (o que nos levou a falar de *Guerra dos mundos*, de H. G. Wells, e de *Middlemarch*, de George Eliot).

Por fim, lemos Darwin como um escritor ao olharmos, de fato, para a sua escrita: a maneira particular de frasear uma ideia, de descrever um fenômeno, de construir analogias. Primeiro, aguçamos o ouvido para seus livros, seus cadernos, seus rascunhos, suas cartas; observamos detalhes como a admiração que Darwin sentia pelas diferenças entre as folhas do repolho e a semelhança entre suas flores, ou as perguntas sobre a origem dos peixes elétricos. E, também através dessas influências e desses detalhes, foi possível para nós escutar a sua ciência.*

Charles Darwin entrou para a história da ciência com sua teoria de como as espécies se transformam e se diferenciam ao longo do tempo. Seu nome permanece, enquanto muitos outros foram sendo esquecidos. Aqui, para falar de Darwin, procuramos resgatar alguns desses personagens: falamos dos anos de camara-

* Nossa principal referência como pensador da ciência e da história da ciência, e também como darwinista, é o paleontólogo Stephen Jay Gould, de quem lemos diversos livros durante toda a pesquisa. A sua forma de pensar a partir de Charles Darwin e a sua escrita rica em exemplos e curiosidades foram de grande inspiração para nós, e muitas das ideias que desenvolvemos neste livro vieram dos textos de Gould.

dagem com os colegas em Cambridge, da convivência a bordo do *Beagle*, do círculo científico de Londres, com os clubes para cavalheiros, e da imensa rede de correspondentes que Darwin cultivou por décadas. Falamos de Alfred Russel Wallace, um jovem inglês que teve um delírio de febre nas ilhas Molucas e formulou uma teoria com muitos pontos de contato com a da seleção natural. Para falar de Darwin, falamos também de Charles Lyell e de Georges Cuvier; de seu avô, Erasmus Darwin, e até de como seus filhos o ajudavam, atuando como assistentes nos experimentos científicos quando crianças. Darwin chegou, por conta própria, à solução para o que era chamado, na sua época, de "mistério dos mistérios": por que as espécies diferem umas das outras? Mas seus esforços individuais teriam sido em vão se não fosse pelos encontros que ele teve ao longo da vida, e pelo conhecimento dos pensadores que vieram antes dele. Não existe trabalho individual que seja plenamente individual.

Para este livro, contamos com alguns encontros importantes, que nos guiaram no desdobramento do texto. Além da participação especial do navegador Amyr Klink, que tem algumas falas no primeiro capítulo, trouxemos as palavras de outros dois entrevistados do podcast: o professor de filosofia da Universidade de São Paulo e tradutor do livro *A origem das espécies* (Ubu, 2018), Pedro Paulo Pimenta, e a bióloga, professora e curadora do Museu de Zoologia da Universidade de São Paulo, Maria Isabel Landim. Essas entrevistas deram os primeiros pontos para que pudéssemos pensar a estrutura dos nossos roteiros. No podcast, usamos apenas trechos delas. Aqui, incluímos as duas na íntegra, ao final do livro. Não menos importantes foram as entrevistas com a bióloga Nurit Bensusan e o sociólogo Matheus Gato de Jesus, com quem falamos respectivamente sobre a crise ambiental e a pandemia de

Covid-19, e sobre o racismo científico no Brasil. São dois assuntos que podemos acessar puxando fios que remontam à obra de Darwin. Essas duas entrevistas estão disponíveis na íntegra nos dois últimos episódios da primeira temporada; por isso, não as reproduzimos aqui para que não fossem redundantes com o material já disponível aos ouvintes. Convidamos você, se não o tiver feito, a escutá-las em qualquer um dos principais tocadores.

* * *

Como diz um ditado latino, *festina lente*: "apressa-te lentamente". É o que buscamos nesse modo de ler — e de escutar — Charles Darwin. Nos próximos capítulos, vamos olhar para pessoas que podem não ser tão antigas quanto o mestre Nagasena e o rei Milinda, mas que já fazem parte do nosso passado, e de um imaginário coletivo. Nossa ideia é chegar até o momento presente voltando no tempo, e descobrindo outros mundos possíveis dentro das notícias urgentes e da pressa que tem tomado os nossos dias. Aqui, neste livro, vamos desacelerar um pouco e, com calma, desdobrar os tempos.

Um dos antigos lemas do brasão da família Darwin era "observa e escuta" — o que se parece um pouco com o pedido de Nagasena. Observar e escutar, com os ouvidos aguçados, é o que nos motivou a fazer esse podcast que, agora, é também um livro.

O estudante Charles Darwin, c. 1828, como caçador de besouros. Caricatura de um dos amigos de Darwin com a nota "Go it, Charly" [Vai nessa, Charly] e "To Cambridge" [Para Cambridge]

CAPÍTULO
1

Um navio com nome de cachorro

Darwin embarca numa viagem no Beagle *ao redor do mundo*

Como antigos navegadores quando se aproximavam de uma terra desconhecida, nós observamos e procuramos o menor sinal de mudança. O tronco de uma árvore boiando ou a ponta de um rochedo primitivo são recebidos com alegria, como se tivéssemos avistado uma floresta crescendo nos flancos da Cordilheira.

CHARLES DARWIN, *A VIAGEM DO* BEAGLE

Charles Darwin completou 26 anos há uma semana e um dia. Ele está no Chile, descansando debaixo de algumas árvores à beira da praia. Já faz alguns anos que está longe de casa, longe de sua família e de tudo o que lhe é conhecido. Ele ainda não tem aquela barba longa e branca com a qual será retratado anos mais tarde. Nem é o sujeito que nos diz que somos parentes dos macacos. No seu rosto, tem apenas costeletas. E, por enquanto, está mais preocupado em se desassociar das expectativas da sua própria família para descobrir quem vai ser no mundo.

O dia é 20 de fevereiro de 1835. Durante dois minutos, no final da manhã, o chão sob seus pés tremeu. Foram só dois minutos, mas pareceu muito mais. Darwin se levantou, tentou andar e sentiu como se patinasse sobre uma superfície de gelo muito fina, que pode ceder com a pressão de cada passo. Um terremoto dessa magnitude, que ele depois descobriria ter sido um dos piores da história do Chile, o faria pensar em como até mesmo o planeta Terra é instável e vulnerável.

> Um terremoto de larga escala destrói, de uma vez por todas, nossas elucubrações mais antigas: a própria Terra, emblema de tudo o que há de mais sólido, desliza sob nossos pés como uma camada muito fina sobre um líquido. Um segundo bastou para produzir na mente uma sensação estranha de insegurança, algo que nem mesmo horas de reflexão poderiam provocar.[1]

Darwin está viajando ao redor do mundo num navio com nome de cachorro. Era comum, naquela década de 1830, na Inglaterra, nomear as embarcações em homenagem a animais. Esse é o *Beagle*, ou HMS *Beagle — Her Majesty's Ship*, o navio da rainha. É um navio com pouco mais de setenta tripulantes, sendo que o mais velho tem 34 anos e o mais novo não chega a treze. O capitão tem 26. São todos homens.

A viagem foi programada para durar dois, no máximo três anos, e um de seus principais objetivos é mapear as linhas costeiras da América do Sul; mas vai acabar durando quatro anos e nove meses e lançará âncora em muitos outros países do mundo antes de retornar à Inglaterra.

O *Beagle* é um navio construído inteiro em carvalho, pintado de preto, com uma faixa amarela e alguns detalhes em dourado e vermelho. Essa decoração discreta do lado de fora sugere uma embarcação modesta, mas do lado de dentro há uma extravagância: 22 cronômetros a bordo — o maior número de cronômetros já utilizado em qualquer viagem até então. Os cronômetros têm um uso muito específico e importante: calcular a hora precisa em alto-mar. Algo que, até poucos anos antes, era impossível.

Navio Beagle *em ilustração de R. T. Pritchett para o frontispício de uma edição inglesa de 1890 de* O diário do *Beagle*

"Já existiam cronômetros relativamente precisos no início do século 18, mas eles eram a pêndulo, o que não funciona no mar", explicou o navegador Amyr Klink, em entrevista realizada em seu escritório, em 2019. Foi ele quem, nos anos 1980, completou a travessia do Atlântico sozinho, em um barco a remo. A tecnologia que ele tinha na viagem era, basicamente, a mesma disponível a bordo do *Beagle*.

"É fácil calcular a latitude pela altura do Sol", disse Amyr Klink durante a entrevista. "Existem vários métodos astronômicos que possibilitam esse cálculo. Agora, o cálculo da longitude envolve a medida do tempo. Porque a Terra vira num eixo."

Os cronômetros eram usados no *Beagle* para calcular com precisão a longitude em alto-mar e mapear a costa da América do Sul.

A busca pela longitude (isto é, como localizar-se no eixo leste-oeste ao navegar) era um mistério antigo e envolveu uma grande corrida científica e tecnológica. A Inglaterra chegou a estabelecer por lei uma Comissão da Longitude e oferecer um prêmio em dinheiro para quem resolvesse esse enigma. Foi um relojoeiro amador inglês, John Harrison, que conseguiu desbancar quase dois milênios de astronomia com uma engenhoca. A engenhoca, no caso, era o relógio mais exato do mundo. Antes dele, matemáticos e físicos como Isaac Newton haviam defendido a solução pelo método astronômico (usar sextantes, quadrantes, tabelas e almanaques para calcular, comparar e prever os ciclos da Lua e, daí, se localizar).

Acontece que essa não era uma tarefa tão simples de se realizar em alto-mar — melhor seria confiar em um único instrumento de precisão. Até porque encontrar a longitude era apenas questão de saber a hora certa em dois lugares diferentes. Harrison batalhou toda sua vida para convencer a Comissão de que seu método era o mais preciso e o mais prático. Outras potências navegadoras, como Portugal e França, adotariam ou copiariam o relógio inglês pouco tempo depois.

Amyr Klink: É verdade que havia ainda outro método de localização, que inclusive foi usado no *Beagle*: a navegação pelas estrelas. Quando falamos de estrelas, normalmente as pessoas pensam na noite e no céu estrelado... Mas ninguém nunca navegou no escuro, olhando para os pontinhos de luz lá em cima. Para navegar com a ajuda das estrelas, é preciso medir a altura delas em uma determinada hora, usando o horizonte como referência. Assim, horizonte e estrelas — ao menos algumas delas — devem estar visíveis ao mesmo tempo, e isso só acontece na hora dos dois crepúsculos, o matutino e o vespertino. São apenas doze minutos a cada vez, dos quais só seis são ideais. É nesses instantes que as estrelas mais fortes, de maior intensidade, aparecem apesar da claridade.

Acontece que Charles Darwin — diferente de Amyr Klink — não tinha vocação para navegar. Na verdade, ele detestava o mar. Dentro do navio, passava o tempo todo na cabine, enjoado, odiando cada onda do oceano. Seu pai, que era médico, recomendava, em cartas, que ele tentasse comer uva-passa para ver se melhorava. Em 1832, sua irmã, Susan, lhe escrevia:

> Papai ficou muito interessado no triste relato sobre o enjoo marítimo que você sofreu, e não foi pouco o orgulho que ele exibiu ao saber que a sua prescrição de uvas-passas fez tanto efeito. Acho que ele deveria publicar essa grande descoberta para o benefício de todos os sofredores.[2]

* * *

Um pouco antes de embarcar, quando Darwin ainda estava na universidade, ele não cumpria exatamente nem as recomendações de seu pai, nem as suas muitas expectativas. Na verdade, naquele momento, uma das coisas que ele mais gostava de fazer era apanhar e colecionar besouros.

> Mas nenhum interesse em Cambridge mereceu tanta dedicação ou me deu tanto prazer quanto colecionar besouros. Era a mera paixão por coleções, porque eu não os dissecava, e raramente comparava suas características externas com descrições publicadas, mas dava-lhes alguma denominação. Vou dar uma prova da minha dedicação: um dia, quando removia uma velha casca de árvore, vi dois raros besouros, e peguei um em cada mão; então, vi um terceiro diferente, que não suportei perder, de forma que pus na boca o que carregava na mão direita. Ah! Ele liberou um fluido intensamente ácido, que queimou minha língua, o que me obrigou a cuspi-lo, e ele se perdeu, assim como o terceiro.[3]

A verdade é que, ao contrário de outros naturalistas da época, que ficavam trancados com suas leituras, Darwin dava a mesma importância para os estudos e para a experiência no mundo. Junto com ele, no *Beagle*, embarcaram 245 livros — sendo que, com exceção de três ou quatro pessoas, toda a tripulação era analfabeta. Darwin levou sua biblioteca para viajar.

O *Beagle* era um navio pequeno, com pouco menos de trinta metros de extensão. E, mesmo assim, Darwin levou consigo cerca de doze metros de livros, se enfileirados lado a lado. O espaço era disputado: para dormir, Darwin pendurava uma rede acima de uma mesa de trabalho, a menos de um metro do teto. Mas, pelo menos, havia uma claraboia, por onde ele podia olhar o céu. Em uma de suas cartas ao pai, ainda muito entusiasmado com o começo da viagem, ele escreveu: "Descubro, para minha grande surpresa, que um navio é um lugar especialmente confortável para qualquer tipo de trabalho. As coisas estão sempre à mão e o espaço é tão abarrotado que é preciso ser metódico. No fim das contas, é um privilégio".[4]

Darwin sonhava em viajar já fazia muito tempo. Atravessava estufas inglesas em busca de árvores tropicais, só para poder vê-las de perto e imaginar a terra distante de onde elas vinham: "Enquanto escrevo esta carta, minha cabeça viaja pelos trópicos: pelas manhãs, eu saio e vou passear entre as palmeiras da estufa. Depois volto para casa para ler Humboldt. E fico tão entusiasmado, que mal consigo me manter na cadeira".[5] Ele tinha até tentado aprender espanhol por conta própria, mas ficou assustado com a quantidade de palavras e com a quantidade de sentidos diferentes para cada palavra: "Avanço a passos muito lentos no espanhol", escreveu.[6]

Desde criança, Darwin sempre teve interesses muito particulares: gostava de colecionar pedrinhas e fazia experimentos com seu irmão mais velho num laboratório improvisado em casa. Os colegas de escola, que sabiam das explosões e fumaças que saíam pela janela, o apelidaram de "gás". Mas, até embarcar no *Beagle*, todos os passos da vida de Charles Darwin tinham sido determinados pelo pai, um médico de renome e de posses e que, por sua vez, também era filho de um médico.

Primeiro, aos dezesseis anos, Darwin foi enviado para cursar medicina, faculdade que abandonou porque achava as aulas terrivelmente entediantes; há quem diga, também, que ele passou mal quando teve que lidar com um cadáver humano pela primeira vez. Ele entendeu que sua vocação não estava na profissão da família. Em seguida, foram os anos na Universidade de Cambridge, onde estudou para ser clérigo — uma escolha comum na época para os filhos de famílias ricas que não tinham grandes ambições. Darwin talvez não fosse o melhor aluno de sua turma, mas tinha muita curiosidade pelo que via: uma curiosidade que podia abarcar tudo.

Em Cambridge, mais do que a sala de aula, Darwin frequentava clubes, muitos deles. Chegou até a participar de reuniões semanais de um clube da gula, em que os participantes se encontravam para beber vinho e se desafiavam a provar carnes de animais inusitados. Segundo um de seus fundadores, o nome do clube ("*glutton's club*") foi pensado para ironizar uma outra associação de estudantes:

> [...] que se intitularam com um longo nome em grego, querendo dizer "apreciadores de iguarias finas", mas que contradiziam o título toda semana ao se encontrarem em um restaurante de beira de estrada, a uns dez quilômetros de Cambridge, para jantar costela de carneiro ou feijão com bacon. O nome que nós adotamos era, ao contrário, um tanto disfêmico, se me permitem o uso de tal palavra; pois nenhum de nós era dado a excessos, embora nossos pequenos jantares fossem rebuscados e bem-servidos. Normalmente, terminávamos a noite em um jogo de cartas bem-comportado.[7]

Um colega de Darwin, anos mais tarde, ao compartilhar suas memórias da época de Cambridge, contaria ao filho do cientista, Francis, que o grupo se dedicava a "devorar [...] aves e animais até então desconhecidos pelo palato humano [...]. Acredito que o clube foi precocemente interrompido após se aventurarem a comer uma coruja velha".[8]

Alguns clubes se relacionavam de forma mais evidente com os interesses que Darwin viria a desenvolver mais tarde, como o de estudos de geologia ou o de botânica. As duas áreas se tornariam verdadeiras paixões suas. E foi graças a seu professor de botânica, John Henslow, que o jovem Darwin pôde dar seu primeiro grande passo em direção a se tornar o Darwin que nós conhecemos hoje. Porque foi Henslow quem o indicou para embarcar no *Beagle*.

Darwin foi convidado para viajar como companheiro de gabinete do capitão Robert FitzRoy. Isso porque era proibido, para um homem desse cargo, conviver com os seus subordinados da tripulação. FitzRoy era descendente da casa Stuart, tetraneto de Charles II (que reinou sobre a Inglaterra, a Escócia e a Irlanda desde a restauração monárquica, em 1660, até 1685) e parente de servidores ilustres do reino. Ele assumiu o comando do *Beagle* aos 23 anos, após o suicídio do capitão da primeira expedição do navio, e, sabendo da solidão que enfrentaria naquela longa viagem, percebeu que precisaria de um companheiro a bordo, alguém que fosse de um estrato social próximo ao dele, um aristocrata. O capitão encontrou, para esses fins, o cavalheiro Charles Darwin.

O convite para percorrer oceanos sobre o *Beagle* foi recebido por Darwin com muito entusiasmo. Mas houve um conflito com sua família: ele teve que confrontar o pai, que chamou a viagem de "aventura louca" e "esforço inútil".[9] Foi só depois de muitas trocas de cartas entre familiares e da persuasão principalmente por parte do tio materno de Darwin (Josiah Wedgwood II, o pai de Emma, a prima com quem Darwin iria se casar mais tarde) que o pai acabou se convencendo, e topou até bancar o filho na empreitada — que, aliás, não sairia barata.

Imagine o que Darwin sentiu, quando enfim conseguiu embarcar, pisando, pela primeira vez, naquele navio. Ele tinha 22 anos, e um de seus livros preferidos, na época, e que ele levou consigo a bordo, era *Paraíso perdido*, um longo poema de John

ROBERT FITZROY

Cientista, hidrógrafo e explorador formidável, Robert FitzRoy se tornaria uma celebridade em vida, e não só por resolver as demandas secretas da Coroa e ser parceiro de Darwin.

Filho de um lorde oficial do Exército e de mãe descendente de uma influente família irlandesa, FitzRoy começou os estudos navais aos doze anos e sempre se destacou. Ficou célebre por ter sido um pioneiro da meteorologia, tendo inclusive criado o termo "*forecast*", "previsão do tempo". Muitos anos depois da viagem no *Beagle* com Darwin, entre 1843 e 1845, foi governador da Nova Zelândia — uma gestão turbulenta e curta. De volta à Inglaterra, iniciou aquilo que se tornaria o Met Office, escritório meteorológico inglês. Os estudos que realizava tinham como objetivo ajudar a Marinha, mas logo passaram a ser publicados nos jornais. Com isso, FitzRoy queria popularizar as ciências.

Por outro lado, ele era um homem extremamente religioso. Quando *A origem das espécies* foi publicado, em 1859, FitzRoy se revoltou contra o livro, e chegou a se sentir culpado por ter alguma participação no desenvolvimento da teoria da seleção natural. Ele declarou que o livro lhe causou uma "dor aguda".

Deu fim à própria vida pouco antes de completar sessenta anos.

Classificação das nuvens. Desenho de Robert FitzRoy, 1863

Milton, escritor inglês do século 17. Nos últimos versos, que descrevem a expulsão de Adão e Eva do ninho protegido que era o jardim do Éden, há uma frase que diz simplesmente: "*The world was all before them*".[10] "O mundo inteiro estava diante deles" — à espera para ser descoberto.

Navegando pelos oceanos Atlântico, Pacífico e Índico, Darwin passou por Cabo Verde, Ilhas Malvinas, Ilhas Canárias, Ilhas Seychelles, Cabo da Boa Esperança, Fernando de Noronha, Bahia, Minas Gerais, Rio de Janeiro, Buenos Aires, Terra do Fogo, Patagônia, Valparaíso, Ilha de Chiloé, Galápagos, Taiti, Havaí, Nova Zelândia, Nova Guiné, Nova Caledônia, Austrália, Tasmânia, Madagascar e Ilhas Cocos.

Ele cavalgou com gaúchos; impressionou-se com as habilidades dos brasileiros com facas; presenciou um carnaval na Bahia...

> Hoje é o primeiro dia de Carnaval, mas Wickham, Sullivan e eu estávamos decididos a enfrentar seus perigos sem medo. Os perigos consistem em ser bombardeado por bolas de cera cheias de água, ou ficar encharcado por grandes esguichos. Provou-se bastante difícil manter a dignidade ao caminhar pelas ruas. Carlos v dizia ser um homem valente por conseguir apagar uma vela com os dedos, sem hesitar; já eu digo que é valente aquele que caminha sem apertar o passo quando baldes de água estão prontos para serem derramados sobre ele de todos os lados.[11]

... descobriu os fósseis de uma preguiça-gigante; reclamou do tempo que uma batata levava para cozinhar em altitudes elevadas; ficou estupefato com o trabalho das formigas; manteve um diário minucioso de bordo, anotando tudo o que vivia; comentou que a superfície quebradiça das cordilheiras do Chile parecia a casca de

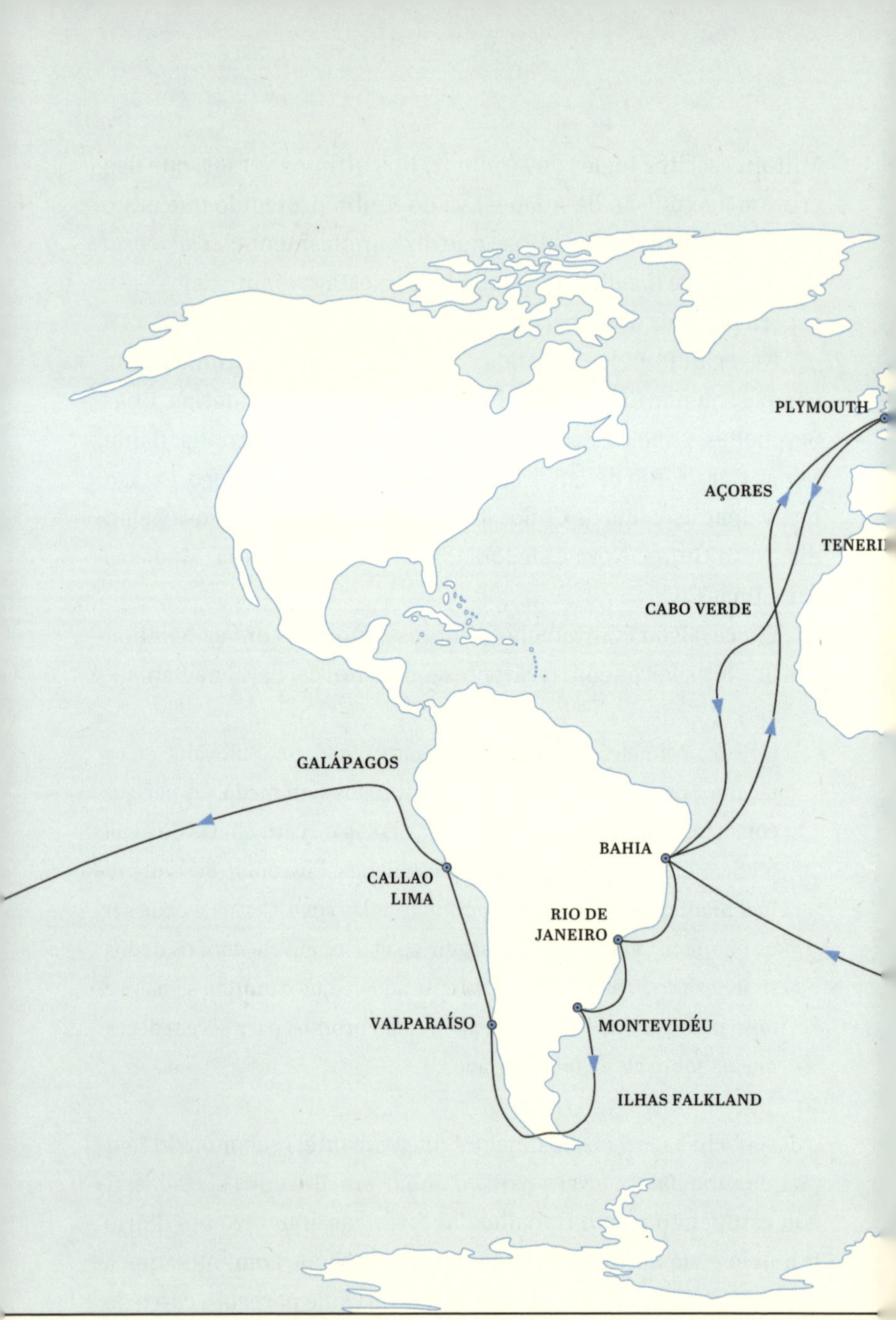

Mapa-múndi com a rota do Beagle

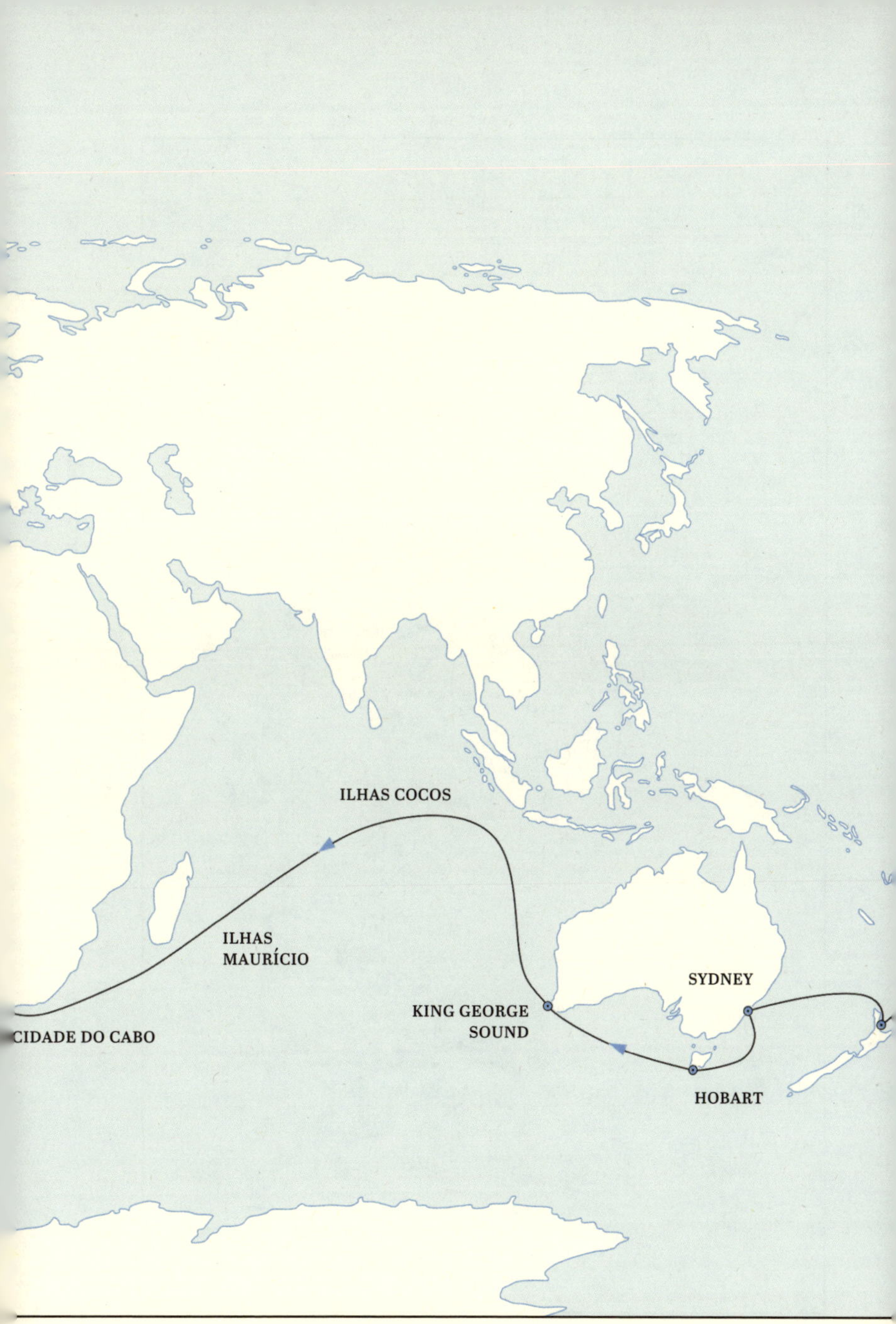
ILHAS COCOS
ILHAS
MAURÍCIO
CIDADE DO CABO
KING GEORGE
SOUND
SYDNEY
HOBART

Caricatura da tripulação do HMS Beagle *pintada em 24 de setembro de 1832, presumivelmente pelo artista a bordo do navio, Augustus Earle*

um pão; observou os hábitos do tuco-tuco, um roedor cego que se move lenta e pesadamente.

Por todos os lugares por onde passava, Darwin coletava amostras do mundo natural: animais, plantas, insetos e, até mesmo, pedras.

Darwin recebeu dos colegas de tripulação alguns apelidos: "Filos", "Filósofo" e "Catador de Mosca". Apanhou mais de 1 500 espécimes, centenas dos quais nunca tinham sido vistos na Europa. Foram tantos que, numa determinada ocasião, ele confundiu um deles com seu jantar e o comeu. Não era uma coruja, nem uma cutia ("a melhor carne que já provei na vida", comentou uma vez),[12] mas talvez ele tenha se lembrado das noites de gula de Cambridge. Noites que, àquela altura, já tinham ficado muito para trás.

Conhecendo essa grande diversidade do mundo para além da Inglaterra, Darwin foi educando e refinando seu olhar para a natureza — e foi assim que se descobriu também escritor. Ele queria descrever tudo o que via para pessoas que nunca tinham presenciado nada parecido com aquilo.

> 29 de fevereiro, Bahia, ou São Salvador, Brasil, 1832
>
> O dia transcorreu deliciosamente. Mas esse talvez seja um termo pobre para descrever os sentimentos de um naturalista que, pela primeira vez, aventurou-se sozinho por uma floresta brasileira. A elegância da relva, o inusitado das plantas parasitárias, a beleza das flores, o verde brilhante da folhagem e, acima de tudo, a exuberância do todo, me encheram de admiração. Uma combinação muito paradoxal de som e silêncio permeia as partes escuras da mata. O som dos insetos é tão alto que é possível escutá-los de dentro de uma embarcação ancorada a centenas de metros da praia. Porém, nas profundezas da floresta, um silêncio universal parece reinar. [...] Após

NATURALISTA

Um tripulante com cargo de naturalista era comum em muitos dos navios ingleses daquela época. Mas esse cargo, no *Beagle*, não pertencia a Darwin, e sim a Robert McCormick, um cientista e cirurgião experiente. Darwin acabou tomando rapidamente o lugar dele. FitzRoy favorecia Darwin na hora de desembarcar e passear por lugares novos. Dava-lhe, assim, um tempo precioso em terra para estudar a natureza e para realizar o principal objetivo de um naturalista que tem a sorte de ir a campo nessas condições: criar uma coleção de espécimes. Darwin foi, também, tomando os espaços que deveriam ser de McCormick — e ele trazia consigo objetos que seriam, em tese, mais úteis a McCormick, como um microscópio. Além de tudo isso, o companheiro de bordo do capitão tinha condições de pagar por sua estadia e viagem a bordo, de modo que o material que coletava era seu, e não da Marinha. A situação desagradava a McCormick, mas a gota d'água foi no Rio de Janeiro em 1832, quando ele viu FitzRoy expedindo espécimes coletados por Darwin de volta à Europa, onde o material já começaria a ser estudado. Constatando que não conseguiria quebrar o grupo fechado que tinha se formado e fazer seu trabalho, o cirurgião abandonou o *Beagle*, deixando livre para Darwin o posto de naturalista da expedição.

> passear por algumas horas [...], fui surpreendido por uma tempestade tropical. Tentei me refugiar debaixo de uma árvore — era tão grossa que nenhuma chuva inglesa seria capaz de penetrá-la. Mas aqui, em poucos minutos, uma pequena cachoeira descia seu tronco. É a essa violência das chuvas que devemos atribuir a vegetação que existe no solo das florestas mais cerradas: se as chuvas daqui fossem como as chuvas dos climas mais frios, a maior parte delas seria absorvida ou evaporaria antes mesmo de encostar no chão.[13]

Darwin anotava tudo aquilo que via e, a partir do que via, o que pensava e sentia. Seus textos eram compostos com sutileza, para que ele conseguisse mostrar com a maior precisão possível aquilo que tinha diante de si: "O dia transcorreu deliciosamente. Mas esse talvez seja um termo pobre para descrever os sentimentos...". Darwin não foge desse tipo de problema quando vai escrever: ele expõe a insuficiência dos termos, porque quer ser o mais fiel possível àquilo que vê e sente. Ao falar da combinação de som e silêncio dentro da mata, é de supor que um outro tipo de escritor optasse por dizer que o lugar "era muito barulhento", ou, ao contrário, "muito quieto". Mas Darwin procura dar conta da totalidade, muitas vezes paradoxal, do que está ao seu redor.

No início da carta, a sua observação quanto ao que vê é geral: há uma admiração por tudo, sem se deter em nada específico. Todos os elementos são importantes e chamativos. Mas, aos poucos, ele decanta essa descrição e chega a um lugar mais científico enquanto observador; até comparar, analisando causas e consequências, a chuva brasileira e a chuva inglesa.

* * *

"Quem pode duvidar das qualidades intrínsecas da banana, do coco, das laranjas, da fruta-pão e das diferentes palmeiras?"[14]

Darwin agora está no Brasil, parado, diante de uma bananeira.

No meio da viagem, ele chegou a recomendar numa carta ao pai que tivesse a sua própria bananeira — coisa que foi feita, e a planta cresceu tanto que preencheu a estufa da casa do pai de Darwin. "Eu me sento debaixo dela e penso em você, sentado numa sombra semelhante. Você sabe que eu nunca escrevo nada além de respostas a perguntas que concernem à medicina. Como você não é um paciente meu, devo, portanto, encerrar minha carta aqui."[15]

No dia 28 de fevereiro de 1832, um ano bissexto, Darwin desembarcou em Salvador, depois de uma breve passagem por Fernando de Noronha — ilha que não o impressionou. Ele não teve muito a dizer sobre ela. Mas, em seguida, o *Beagle* partiria para a cidade do Rio de Janeiro, onde permaneceria ancorado por mais de três meses, e sobre a qual Darwin diria muita coisa. Ele ficou hospedado em uma casa em Botafogo:

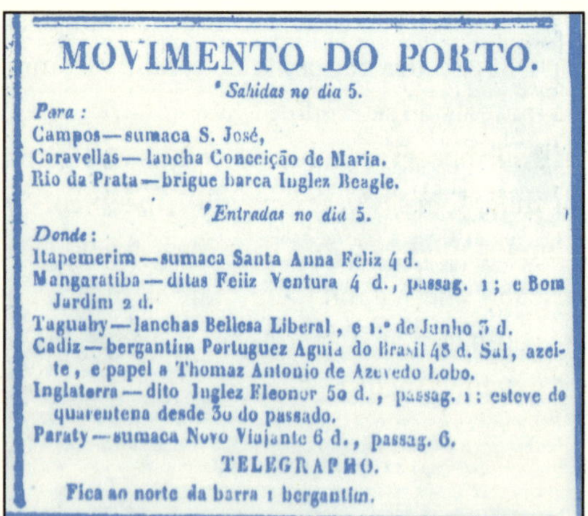

MOVIMENTO DO PORTO.

Sahidas no dia 5.

Para:

Campos—sumaca S. José,

Coravellas—lancha Conceição de Maria.

Rio da Prata—brigue barca Inglez Beagle.

Entradas no dia 5.

Donde:

Itapemerim—sumaca Santa Anna Feliz 4 d.

Mangaratiba—ditas Feliz Ventura 4 d., passag. 1; e Bom Jardim 2 d.

Taguahy—lanchas Bellesa Liberal, e 1.º de Junho 3 d.

Cadiz—bergantim Portuguez Aguia do Brasil 48 d. Sal, azeite, e papel a Thomaz Antonio de Azevedo Lobo.

Inglaterra—dito Inglez Eleonor 50 d., passag. 1: esteve de quarentena desde 30 do passado.

Paraty—sumaca Novo Viajante 6 d., passag. 6.

TELEGRAPHO.

Fica ao norte da barra 1 bergantim.

Recorte da seção "Movimento do porto" do Jornal do Commercio, *de 6 de julho de 1832, anunciando a partida do* Beagle

BOTAFOGO

"Estou morando em Botofogo [*sic*], uma vila a cerca de cinco quilômetros da cidade", escreveu Darwin em maio de 1832, dando notícias a seu antigo professor, John Henslow.[16]

Bairro da zona sul do Rio de Janeiro, Botafogo começou a ser progressivamente ocupado após a chegada da família real, em 1808. Carlota Joaquina tinha seu palacete próximo à enseada para tomar ares e banhos de mar.[17] A região logo passou a atrair os moradores mais abastados, que ali construíam suas chácaras. Pouco antes da independência, a inglesa Maria Graham, preceptora da princesa Maria da Glória, registrou em seu diário que as belezas naturais de Botafogo eram realçadas por suas encantadoras casas de campo.[18] Contudo, em 1832, a região ainda era um arrabalde pouco povoado e de difícil acesso.

E em que lugar de Botafogo Darwin residiu?

Alguns historiadores, como Escragnolle Dória e Brasil Gerson, apontam que Darwin viveu em uma grande casa nas proximidades do atual Largo dos Leões. Já Batista Pereira, em *Figuras do Império e outros ensaios*, indica outro ponto: "uma pequena casa de Botafogo, na corte da Guanabara, fim da rua Farani".[19]

Todos já ouviram falar da beleza da paisagem de Botafogo. A casa onde morei ficava logo abaixo do conhecido morro do Corcovado. [...] Eu costumava olhar as nuvens, que vinham do mar e formavam uma massa logo abaixo do ponto mais alto do morro. [...] No fim dos dias mais quentes, era delicioso sentar-se sozinho no jardim e assistir a tarde se transformar em noite. A natureza, nesses climas,

> elege vocalistas mais humildes que os da Europa. Uma pequena rã, do gênero *Hyla*, acomoda-se sobre uma folha de grama, cerca de dois centímetros acima da superfície da água, e emite um coaxar agradável: quando há muitas delas juntas, cantam em harmonia, cada uma, uma nota. Eu tive certa dificuldade em capturar um espécime dessa rã.[20]

Ele estava maravilhado com a natureza do país. Sua relação com os brasileiros, porém, foi ambígua: "eu não os quero bem — [o Brasil] é um país de escravidão e, portanto, de rebaixamento moral".[21] Ao deixar o Brasil, disse que esperava nunca mais ter que visitar uma terra de escravizados. Sua família materna, que havia enriquecido com a revolução industrial, era radicalmente contra a escravidão. Mais de dez anos após ter visitado o Brasil, ele contaria que, toda vez que ouvia algum chamado ou grito distante, sentia voltar a memória vívida de quando passou por uma rua em Pernambuco e escutou gemidos de dor de dentro de uma casa:

> Suspeitei tratarem-se de lamentos de um escravo torturado, pois em outra ocasião me revelaram ser este o caso. Próximo ao Rio de Janeiro, morei em frente a uma senhora que guardava parafusos para esmagar os dedos de suas escravas. Hospedei-me em uma casa onde o jovem mulato doméstico era a toda hora insultado, golpeado e perseguido, coisa que nem o animal mais reles aguentaria. Vi um menino de seis ou sete anos de idade levar três chibatadas (antes que eu pudesse intervir) sobre sua cabeça nua, simplesmente por ter me oferecido um copo d'água que não estava limpo o suficiente; vi seu pai tremer só de receber uma olhada do senhor. Essas últimas crueldades eu presenciei em uma colônia espanhola, sobre as quais sempre se diz que os escravos são mais bem tratados do que pelos

portugueses, ingleses ou outros europeus. No Rio de Janeiro, vi um negro poderoso se esquivar, com medo de receber um golpe que lhe seria desferido no rosto. Estive presente quando um homem de bom coração começava a separar permanentemente homens, mulheres e crianças de diversas famílias que, há muito tempo, viviam unidas. Sequer aludirei às inúmeras atrocidades revoltantes que me contaram de primeira mão. Tampouco teria mencionado os detalhes terríveis acima, se não tivesse conhecido várias pessoas que, convencidas cegamente pela boa constituição física dos negros, defenderam a escravidão como um mal tolerável. Tais pessoas costumam visitar somente as casas das classes altas, nas quais os escravos domésticos tendem a ser bem tratados; não viveram, como eu, em meio às classes inferiores. Elas perguntam aos escravos o que pensam da própria condição. Ignoram que o escravo seria completamente néscio se não calculasse a probabilidade de que sua resposta chegaria aos ouvidos de seu senhor.[22]

A questão que Darwin menciona no fim foi, aliás, o que provocou a única briga séria entre ele e o capitão FitzRoy. Os dois estavam jantando, quando o capitão disse ter presenciado uma cena que dava provas inegáveis da benevolência dos senhores de escravos. Um deles, na Bahia, havia reunido as pessoas que escravizava e perguntado, diante de convidados do jantar, se eles preferiam a escravidão ou a liberdade. Todos responderam preferir a escravidão. Para FitzRoy, a questão estava resolvida. Mas Darwin não se conteve ao ouvir a história e, ultrapassando os limites da hierarquia, confrontou o capitão e questionou o valor que uma resposta dada sob coerção poderia ter.[23] FitzRoy explodiu e quase expulsou Darwin do navio: disse que quem questionasse sua palavra não teria o direito de sentar-se à mesa junto com ele. Darwin simplesmente

O AVÔ ABOLICIONISTA DE DARWIN

A defesa do abolicionismo, que fez Darwin indignar-se com seu capitão, era muito presente em sua vida. Seu avô materno, Josiah Wedgwood, foi autor do que talvez seja a mais célebre representação artística de uma pessoa negra feita na Europa no século 18. O medalhão e o slogan "Não sou um homem e um irmão?" marcaram o imaginário da elite global ao chamar a atenção para a crueldade de construir impérios econômicos explorando o tráfico de pessoas escravizadas.

Wedgwood foi ainda um inovador na fabricação de objetos de cerâmica, ofício ao qual se dedicava desde a infância. Depois que sequelas da varíola o impossibilitaram de usar um torno, ele voltou a atenção para pesquisas relacionadas à olaria, e essas suas experiências resultaram em itens mais resistentes e duráveis, o que melhorou consideravelmente a qualidade das cerâmicas produzidas na Inglaterra.

Mas as inovações técnicas não eram suas únicas preocupações. Visando atender às demandas de uma burguesia ascendente quanto às novas necessidades, Wedgwood interessou-se também pelo processo de produção e distribuição dos produtos. Assim, a partir de 1769, começou a concentrar toda sua produção em um conjunto de três prédios no condado de Staffordshire. O terreno da fábrica, que batizou de Etrúria, tinha 350 acres próximos ao canal Trent and Mersey, o que facilitava o escoamento. Entre 1782 e 1783, instalou no local vários motores a vapor desenvolvidos por James Watts, dando início à mecanização da produção, e adotou a divisão do trabalho, alcançando resultados mais uniformes do que os seus competidores.

A Etrúria permaneceu em funcionamento até os anos 1950.

A imagem gravada no medalhão de Wedgwood, 1787

se levantou e foi sentar com os outros tripulantes. Passados alguns dias, porém, FitzRoy voltou atrás e lhe enviou um pedido formal de desculpas.

Com exceção desse episódio, Darwin e o capitão conviveram pacificamente durante os quase cinco anos a bordo. Ou, mais do que pacificamente, talvez o termo correto seja *comportadamente*. Jantavam todas as noites juntos e mantinham uma relação cordial que provavelmente só foi possível porque os dois haviam sido criados no ambiente de contenção emocional da era pré-vitoriana, educados para se comportar como "cavalheiros".

Era isso, no fim das contas, o que Darwin estava aprendendo quando estudou em Cambridge. Não era uma formação intelectual das mais exigentes — estudavam um pouco de matemática, sobretudo geometria euclidiana; um pouco de literatura grega e latina; um bom tanto de estudos bíblicos. E a maior parte do tempo era dedicada a outros interesses, que envolviam cães, corridas e caçadas. A universidade era um ambiente de convivência masculina, onde os filhos das famílias privilegiadas aprendiam a se comportar do modo como era esperado. Nessas circunstâncias, em Cambridge, o que se previa para o futuro de Darwin era uma vida pacata, sem grandes comoções. Não era esperado que um gentleman fizesse uma viagem como aquela.[24]

* * *

Mesmo que Darwin reclamasse bastante dos enjoos a bordo, isso realmente não o impediu de observar tudo o que via com toda a atenção. Só que ele ainda não tinha uma teoria, nem sabia que um dia desenvolveria uma; naquele momento, ele não imaginava o que poderia fazer com tantas peças de um grande quebra-cabeça do mundo.

Houve três momentos em especial que o marcaram e que reapareceriam na sua mente quando, bem mais tarde, já instalado em terra firme, ele estaria às voltas com a teoria da evolução das espécies. Foram três situações que, mais para a frente, o conduziriam a desvendar um grande enigma: o terremoto de grande escala no Chile; o desenterrar de fósseis de animais gigantes na América do Sul; e a observação de pequenos pássaros em Galápagos.

O TERREMOTO

Quando Darwin presenciou o terremoto no Chile, em fevereiro de 1835, a princípio não percebeu seus efeitos mais graves, porque estava na praia, e não na cidade. Mas, nos dias que se seguiram, explorou, junto com a tripulação do *Beagle*, toda a região costeira e as ilhas onde o terremoto havia gerado mais perturbações. As cidades de Concepción e Chillán tinham sido quase totalmente postas abaixo. O sismo extremo ainda engatilhou três tsunamis e quatro erupções vulcânicas, além de outros tremores menores. Em seu diário de viagem, Darwin parece tentar dar conta de anotar *tudo*: como a arquitetura das casas chilenas e a organização das ruas foram afetadas; as marés que oscilaram, visivelmente agitadas, e as ondas do mar que invadiram as cidades; as atividades vulcânicas; as histórias que as pessoas contavam sobre o tremor ter sido provocado por bruxas; a visão de sacas de algodão e erva-mate caídas para fora dos armazéns; as crianças que transformavam os móveis de madeira em barcos improvisados e se divertiam, sem perceber a aflição de seus pais. Uma pequena ilha da região chegou a subir 4,5 metros em relação ao nível do mar. Darwin viu, ao vivo, aquilo que ele já tinha começado a estudar nos livros: a mutação do planeta Terra.

OS FÓSSEIS DE ANIMAIS GIGANTES

Na costa leste da América do Sul, Darwin se dedicou a procurar fósseis de animais extintos. Nessa busca, de resultados nem sempre certos, Darwin foi "maravilhosamente sortudo", como escreveu de Montevidéu à irmã Caroline.[25] Na Argentina e no Uruguai, ele encontrou fósseis de animais de grandes proporções, como megatérios (preguiças-gigantes) e gliptodontes (parente dos tatus). Descobriu ainda fósseis de animais que eram desconhecidos até aquele momento, como a macrauquênia (um animal que lembrava um camelo sem corcovas) e o toxodonte, que julgou ser um roedor do tamanho de um rinoceronte. Darwin começou a perceber que existia uma relação entre os seres do passado e os do presente. A princípio, isso pode parecer óbvio, mas havia ali uma chave

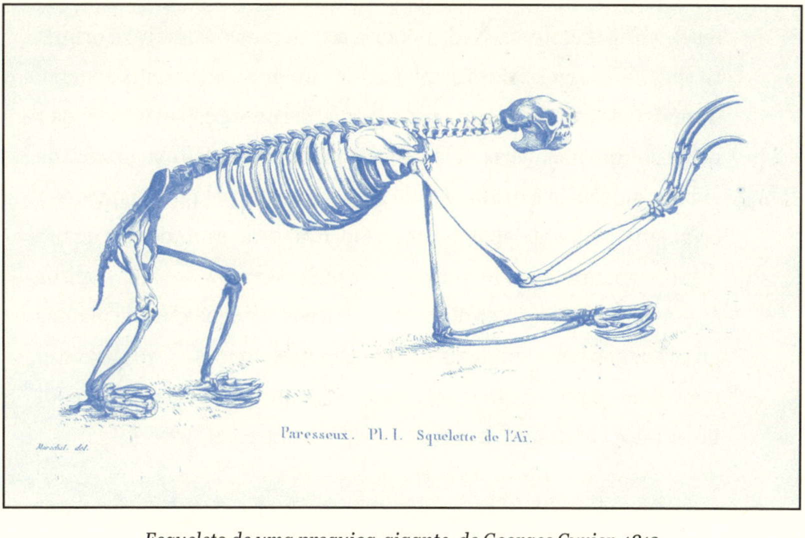

Esqueleto de uma preguiça-gigante, de Georges Cuvier, 1812

esperando para ser virada: os seres vivos que existiram no passado são semelhantes aos que existem hoje. Semelhantes, mas não iguais. Existe uma abertura para a variação no pensamento sobre as espécies... A ideia de transformação estava começando a germinar na mente de Darwin.

AS ILHAS GALÁPAGOS

E isso nos leva ao momento mais conhecido da viagem do *Beagle*: as ilhas Galápagos, ou ilhas Encantadas, como já foram chamadas. Um arquipélago a mil quilômetros de distância da costa da América do Sul. São ilhas vulcânicas, de pedra preta:

> Na manhã da nossa chegada (dia 17), atracamos na ilha Chatham que, assim como as outras, ergue-se em uma costa mansa e arredondada, interrompida aqui e ali por montões dispersos de terra, remanescentes de antigas crateras. Nada poderia ser menos convidativo à primeira vista. Um terreno desorganizado de lava preta de basalto, à mercê de ondas violentas, rachado por grandes fissuras e coberto por toda a parte por um matagal atrofiado e queimado de sol. Há pouco sinal de vida. A superfície extremamente seca, aquecida pelo sol do meio-dia, criava um ambiente abafado, fechado. Era como estar dentro de um forno. Achamos que até mesmo os arbustos exalavam maus cheiros. Apesar de meus esforços diligentes para coletar o máximo de plantas possível, não consegui mais do que algumas poucas. E, ainda assim, eram ervas daninhas tão pequenas e lamentáveis que pareciam combinar mais com a flora do ártico do que com a do equador.[26]

É assim que Darwin começa seu relato desse lugar; ali, onde, à primeira vista, mal consegue perceber vida, ele encontraria seres insuspeitos que teriam uma relevância notória em sua futura contribuição para nosso entendimento sobre a origem da vida na Terra.

> Enquanto eu caminhava, deparei com duas grandes tartarugas. Cada uma devia pesar pelo menos noventa quilos. Uma delas estava comendo um pedaço de cacto e, quando fui me aproximar, ela me encarou e afastou-se lentamente. A outra emitiu um chiado grave, e recolheu sua cabeça para dentro do casco. Esses répteis gigantes, rodeados pela lava preta, pelos arbustos desfolhados e grandes cactos, me fizeram pensar em criaturas antediluvianas.[27]

Também o escritor e marinheiro Herman Melville, autor de *Moby Dick*, passaria por Galápagos poucos anos depois de Darwin e escreveria seu próprio relato,[28] às vezes, inclusive, parodiando o estilo darwiniano. Em sua descrição dos animais estranhos da ilha, imaginava o casco da tartaruga-gigante como uma fortificação onde ela poderia se esconder das investidas do tempo. Também disse que o pinguim, na sua opinião convicta, era, de todos os animais do planeta, o mais difícil de gostar: "E na verdade o pinguim não é nem peixe, nem ave; se alguém quisesse comê-lo, não ficaria bem nem no Carnaval, nem na Quaresma; essa é, sem exceção, a mais ambígua e a menos amável criatura já descoberta pelo homem". E Melville não foi mais positivo com relação às próprias ilhas:

> Permanece a dúvida se algum lugar na Terra poderia ser mais deprimente do que esse grupo de ilhas. Cemitérios de outros tempos abandonados, cidades antigas se despedaçando em ruínas, tudo isso pode ser melancólico; mas, como tudo aquilo que um dia já foi associado à humanidade, eles fazem ressoar em nós alguma simpatia vaga, ainda que triste. [...] Essas ilhas são enfaticamente inabitáveis.[29]

Mas foi justamente a estranheza — ou a peculiaridade — dessas ilhas que ofereceu a Darwin uma espécie de laboratório ao ar livre. Eram um "pequeno mundo isolado",[30] povoado por animais que não existiam em outros lugares. Seria o lugar perfeito para a observação, a olhos nus, da evolução das espécies.

Mas Darwin ainda não tinha se dado conta disso. Ele ainda não imaginava a relevância do que veria ali. Anos depois, de volta à Inglaterra, faria experimentos com caramujos, com patos, com sementes de agrião e cevada, com água doce e salgada, pedindo ajuda aos próprios filhos, contando com suas mãozinhas ágeis e olhares atentos aos detalhes, testando e testando hipóteses para tentar reproduzir o que fosse possível das condições que tinha presenciado ali, naquelas ilhas no meio do nada.

Mas estamos nos adiantando. Isso é assunto para os próximos capítulos, quando entrarmos de fato na elaboração da teoria da seleção natural.

* * *

Depois de Galápagos, ainda havia mais de um ano a bordo do *Beagle* antes que a embarcação voltasse para a Inglaterra. Imagine o que significa passar tanto tempo viajando, percorrendo o mundo inteiro; imagine o que foi essa viagem para Charles Darwin. A sua verdadeira formação, muito mais do que os anos que ele passou em Cambridge. Ainda não era o momento de chegar a conclusões, mas sim de fazer todo tipo de perguntas.

- Qual a causa do desaparecimento de tantas espécies e de gêneros inteiros?
- Do sangue de qual animal os mosquitos costumam se alimentar? (O enigma tão frequente quando se trata de mosquitos.)

- Do que vive o albatroz, tão longe da costa? (Sempre me perguntei isso, sem nunca resolver esse problema.)
- O que pôde modificar o habitat desse animal?
- Por que algumas fontes são quentes e outras são frias?
- O que os vermes se tornam durante o longo verão em que a superfície dos lagos se transforma em uma camada de sal sólido?[31]

Darwin não se satisfazia apenas olhando para tudo o que estava ao seu redor. Para ele, observar, ouvir, era também se alimentar do próprio repertório, das próprias leituras — da imaginação. E, por isso mesmo, ele gostava de alguns escritores muito imaginativos, como Charles Lyell, um dos autores que Darwin mais lia e que hoje é conhecido como um dos pais da geologia. Sobre Lyell, ele escreveria: "sempre achei que o grande mérito do *Princípios de geologia* era que ele altera todo o tom da nossa mente; e, por isso, quando vemos algo que nunca foi visto por Lyell, ainda assim o que vemos é parcialmente visto através dos olhos dele".[32]

As ideias de Charles Lyell sobre a crosta terrestre, segundo as quais o planeta era muito mais antigo do que se imaginava, e as suas especulações sobre o fogo quente do centro da Terra chamaram muito a atenção de Darwin. E ele ficou encantado com a escrita quase literária de Lyell, que fazia ciência usando experimentos e observações, mas ao mesmo tempo buscava alimentar a imaginação de seus leitores em trechos como este:

> Talvez as imensas iguanas voltem a aparecer nas florestas, e os ictiossauros, no mar, enquanto os pterodátilos, quem sabe, voem outra vez em meio à folhagem frondosa das samambaias. Os recifes de corais poderão se estender para além do Círculo Ártico, onde hoje vivem a baleia e o narval. As tartarugas talvez depositem ovos nas

> areias das praias onde hoje dorme a morsa, e das quais a foca, à deriva, se afasta sobre uma placa de gelo.[33]

Lyell imagina, nessa passagem, uma situação que nem sequer existe. E, no acúmulo de imagens inesperadas que compõem uma cena com movimento, ele aos poucos cria um efeito de maravilhamento para o leitor. As imagens de Lyell desenham um ambiente imaginativo — e a mente de Darwin estava imersa nesse ambiente.

Além de geologia e de livros de ciências naturais, Darwin gostava de poesia, sobretudo na sua juventude. Ele levou consigo ao navio não só os livros de John Milton, mas também os de William Wordsworth, um poeta de uma geração imediatamente anterior à dele, morto em 1850. E, em seu *Baladas líricas*, dois versos dizem, por exemplo:

> ***Aproxime-se da luz que emana de todas as coisas,***
> ***Permita que a Natureza seja sua professora.****

Darwin estava aprendendo.

Mas Wordsworth também foi o poeta que descrevia como a percepção e a criação são, em boa medida, inseparáveis: nós olhamos para o mundo e criamos o mundo num mesmo gesto. Tem algo misterioso aí — e Darwin estava interessado também por esse mistério. Ele olhava para a natureza pensativo: a partir de suas leituras dos poemas de Wordsworth, sabia que tudo o que ele via era também,

---

* *Come forth into the light of things,/Let Nature be your teacher.* William Wordsworth, "The Tables Turned". In: William Wordsworth; Samuel Taylor Coleridge. *Lyrical Ballads*. Oxford: Oxford University Press, 2013.

em parte, algo que ele interpretava e criava. E onde, afinal, reside o limite entre a percepção e a imaginação do mundo?

Em meio a leituras como essas, ele anotava parágrafos e mais parágrafos em seus cadernos, enquanto navegava:

> 18 de março, 1835, Chile
> O rugido do rio Maipo, enquanto corria pelas rochas, era como o som das ondas do mar. Por trás dos estrondos das torrentes de água, o barulho das pedras se entrechocando pode ser escutado com nitidez mesmo a distância. Esse som de chocalho, incessante, dia e noite, pode ser escutado em todo o entorno do rio. É um som eloquente para um geólogo; os milhares e milhares de pedras, que ao se baterem produzem um zumbido uniforme, agitavam-se todos em uma mesma direção. Era como refletir sobre o tempo: cada minuto

Mount Sarmiento, Chile. Desenho de Conrad Martens, o artista a bordo do Beagle, *1833-34*

Ilustração do caderno de Conrad Martens: Varandas das casas em Valparaíso

> que nos escapa é irrevogável. O mesmo vale para aquelas pedras: o oceano é sua eternidade, e cada nota dessa música natural marca um passo a mais em seu caminho rumo ao próprio destino.[34]

Tanto Darwin quanto FitzRoy escreveram diários de bordo. No retorno à Inglaterra, os dois publicaram os relatos do que tinham vivido — o de Darwin tinha mais de 750 páginas. O livro composto a partir do diário do *Beagle* foi um best-seller na época. Quando velho, ele escreveu na sua autobiografia que "o sucesso desse meu primeiro filho literário sempre me enche de orgulho, mais do que qualquer um dos meus outros livros".[35]

Esse diário, afinal de contas, foi o relato da viagem que tirou Darwin de sua casa e o levou para mundos totalmente novos: foi assim que pôde vislumbrar pela primeira vez tudo o que ele poderia ser. Essa foi a viagem que amadureceu a sua mente.

> É bem provável que minha mente tenha se desenvolvido por meio das minhas observações durante a viagem, como comprova um comentário de meu pai, o mais preciso observador que conheci, de temperamento cético, e longe de ser um seguidor da frenologia; quando me viu pela primeira vez depois da viagem, virou-se para minhas irmãs e exclamou: "Ora, o formato da cabeça dele mudou".[36]

Fig. 1.

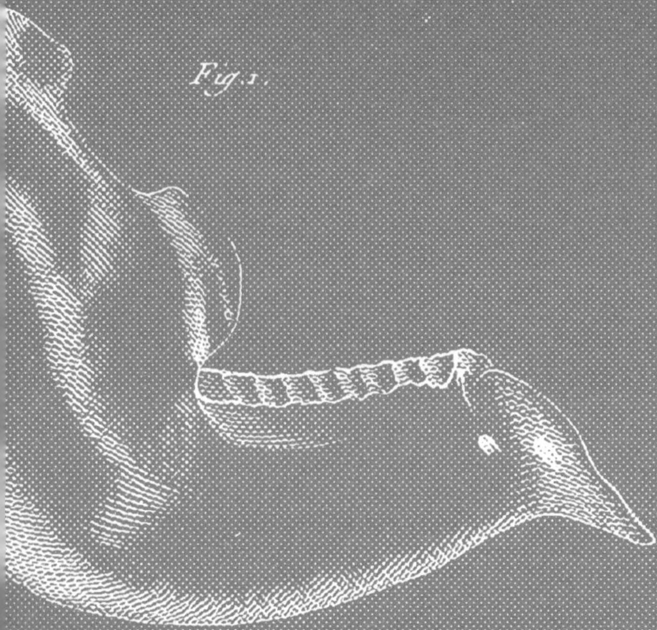

Fig. 2.

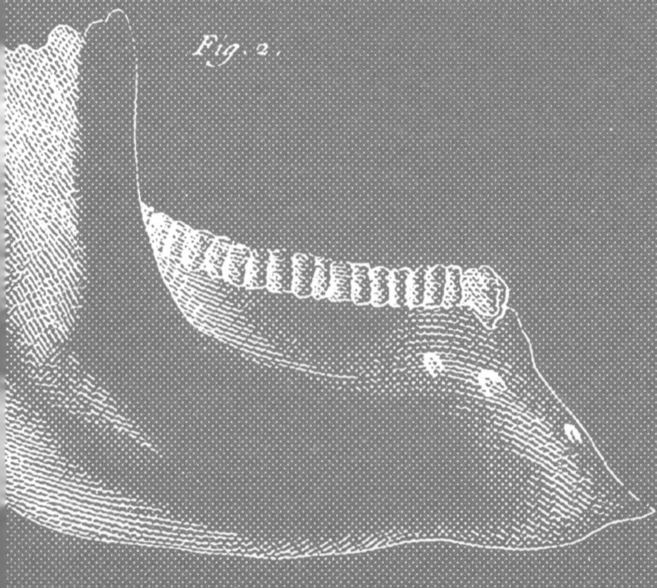

CAPÍTULO

* 2 *

Um novo estoque de metáforas

Como eram as ciências antes de Charles Darwin

O fio de Ariadne da botânica é a classificação, sem a qual só existe o caos.

CARLOS LINEU, *FILOSOFIA BOTÂNICA*

Os geólogos calculam que a Terra exista há 4 bilhões de anos e meio. Mas essa foi uma descoberta recente, do século 20. Até pouco tempo atrás, ninguém sabia dizer muito bem que idade tinha o planeta. Em meados do século 18, um arcebispo na Irlanda se debruçou sobre o Antigo Testamento para calcular que a Terra seria bem mais jovem, um milhão de vezes mais jovem do que os geólogos apontam hoje: ela teria sido criada no dia 23 de outubro de 4004 a.C. — e, precisamente, ao entardecer. Cinco dias depois, estavam criados Adão e Eva.

Naquela época, não foram muitos os que aceitaram os cálculos desse arcebispo. Mas a pergunta permaneceu por muito tempo no ar: quantos anos, afinal, tem o planeta? E que diferença faz saber disso?

* * *

Se, no capítulo anterior, viajamos *com* Darwin, a bordo do *Beagle*, agora iremos viajar *sem* Darwin. Porque será uma viagem no tempo: uma viagem para as ciências antes de Darwin aparecer. A teoria da seleção natural não surgiu do nada. Foi uma descoberta que envolveu muita coisa: a geologia, por exemplo, e a pergunta sobre a idade do planeta Terra. Passou pela paleontologia, já que os fósseis estavam começando a ser estudados mais a fundo entre os séculos 18 e 19, sobretudo por um francês chamado Georges Cuvier, um cientista que virou uma celebridade: ele andava por Paris, nos anos que se seguiram à Revolução Francesa e à subida de Napoleão ao poder, parecendo um monumento, vestindo uma túnica roxa que cobria seu corpo inteiro, até os pés.

Darwin bebeu nas fontes de muitos outros cientistas para formular suas grandes teorias. Por isso, neste capítulo, vamos conhecer personagens como Lineu, o botânico que quis classificar todos os seres o que existem no mundo, ou o próprio avô de Darwin, um vegetariano chamado Erasmus que escrevia poesia erótica sobre plantas. E o jovem Charles Darwin vai ficar esperando a bordo do navio *Beagle*. Vamos preparar o terreno para quando ele voltar de viagem, e só então nos aproximaremos da elaboração de sua teoria de como as espécies se transformam.

Quem vai acompanhar a viagem no tempo deste capítulo é Pedro Paulo Pimenta, professor de filosofia da Universidade de São Paulo. Ele traduziu *A origem das espécies* em 2018, para a editora Ubu, e é especialista nas relações entre filosofia e ciências naturais nos séculos 18 e 19 na Europa.

"A ciência", escreveu o poeta Samuel Taylor Coleridge, "se faz necessariamente com a paixão da esperança. Ela é, portanto, poética."[1] Coleridge foi um dos principais poetas ingleses do século 19, e o parceiro de escrita de William Wordsworth — o poeta que Darwin lia enquanto viajava no *Beagle*. São nomes que começam a compor um pouco o ambiente no qual Darwin cresceu. Coleridge era de uma geração anterior a Darwin, quase quarenta anos mais velho do que ele, e adorava as ciências. Ele chamava os intelectuais londrinos de "uns batatas"[2] e foi viciado em ópio — mas isso não vem ao caso agora. O que é importante aqui é que, como poeta, Coleridge estava interessado tanto pelas experimentações da poesia quanto pelos experimentos dos cientistas. Então, ele acompanhava de perto diversos experimentos e, às vezes, até se oferecia como cobaia. Chegou a escrever que, toda vez que sentia que precisava renovar o seu estoque de metáforas, frequentava as palestras de cientistas.[3]

Mas, afinal, o que é a ciência daquele período, dos séculos 18 e 19? E o que a poesia tem a ver com a ciência e com a escrita científica?

Pedro Paulo Pimenta: A biologia como ciência é uma invenção da segunda metade do século 19. Ou seja, as teorias, os conceitos e os procedimentos experimentais da biologia tais como nós os conhecemos hoje começaram a surgir como práticas padronizadas e codificadas naquele momento. Antes disso, o que existe no Ocidente é um pensamento biológico. Este pensamento começa com Aristóteles.

Aristóteles, que viveu na Grécia do século 4 a.C., descreveu as formas e os hábitos de centenas de espécies em tratados como *Da história dos animais*, *Das partes dos animais*, ou *Do movimento dos animais*. Sobre essas obras de Aristóteles, Pedro Paulo Pimenta explica:

PPP: Aristóteles escreveu três ou quatro livros muito importantes sobre o estudo dos animais; ele era um naturalista muito competente e desenvolveu um princípio pelo qual nós compreendemos os animais até hoje. Ainda pensamos os seres vivos de um modo aristotélico, ou seja, ainda olhamos para a forma do ser vivo e tendemos a decifrá-la em termos da identificação de funções. Como se a forma que um ser vivo tem respondesse a uma determinada função. Quando vemos a espécie humana, percebemos que ela tem certas características anatômicas e fisiológicas que parecem apontar para o exercício de determinadas funções. Um caso clássico são as mãos. As nossas "patas" são especificadas de tal modo que conseguem desempenhar funções que outros animais não desempenham, ao mesmo tempo que nós somos privados de funções que eles realizam. Quando tentamos andar sobre quatro patas, é uma tarefa praticamente impossível. Mesmo se o bebê se apoia sobre os joelhos, ele não é quadrúpede.

De acordo com Aristóteles, uma forma existe porque serve para alguma coisa. A função vem antes: o olho existe porque foi designado para ver, o ouvido, porque foi designado para ouvir. Mas, com Darwin, essa ideia desmorona. Com Darwin — e isso é revolucionário —, a função vem depois. Uma espécie vai sofrendo modificações, de geração em geração, até que um olho se cria.

> Em certas estrelas-do-mar, pequenas depressões na camada de pigmento que circundam o nervo são preenchidas [...] por uma substância gelatinosa transparente, projetando uma superfície convexa, como a córnea dos animais mais complexos. [...] É o primeiro passo, e o mais importante, em direção à formação de um olho verdadeiro, capaz de formar imagens.[4]

Tendo o olho, só então podemos ter a visão, e não o contrário: não é que o olho surge porque o bicho em questão precisa ou deseja ter a capacidade de enxergar. E isso muda tudo na biologia, porque tira de questão a finalidade das coisas. A evolução, segundo Darwin, não tem finalidade nenhuma. Ainda iremos falar mais disso, no último capítulo deste livro, "As histórias não contadas".

Por outro lado, acreditar no princípio funcionalista divisado por Aristóteles significa pensar que tudo na natureza existe com uma finalidade, com uma função. Tudo na natureza, a partir dessa perspectiva, seria útil, teria um encaixe. Mas, se esse fosse o caso, teríamos um grande problema para responder perguntas como: por que os homens têm mamilos?

Essa é uma questão que já ocupou o cérebro de bastante gente inteligente — como Erasmus Darwin, o avô de Charles Darwin. Charles nunca chegou a conhecer o avô, mas escreveu um livrinho sobre ele no fim da vida, *The Life of Erasmus Darwin* [A vida de Erasmus Darwin, 1879]. Ao terminar de escrevê-lo, mostrou o manuscrito a seus filhos, que logo criticaram o texto, por conter passagens que consideraram indecentes de acordo com seus parâmetros vitorianos de pudor e bons modos. Charles Darwin, frustrado com a recepção, afirmou que nunca mais cairia na tentação de se dedicar a um trabalho que não fosse científico, e deixou nas mãos de uma das filhas a responsabilidade de cortar e editar o texto.

Não é de espantar que certas passagens da vida e da obra do avô de Charles Darwin fossem vistas com maus olhos por muita gente. Ele foi um sujeito único, importante e muito interessante. Como médico, ganhou fama depois de curar um rapaz desenganado. A cura, considerada milagrosa, baseou-se em simplesmente interromper os tratamentos absurdos aos quais o paciente estava submetido. Depois disso, Erasmus Darwin chegou a ser convidado para ser o médico particular do rei George III, mas recusou a proposta porque sabia que, se aceitasse o cargo, não poderia seguir prestando auxílio à população pobre da Inglaterra. Ele era abstêmio (dizia não beber uma só gota de álcool) e seguia uma dieta vegetariana. Era também um inventor de geringonças. Foi um homem versátil e versado, capaz de solucionar mistérios aliando erudição e criatividade.

Erasmus Darwin viveu no século 18: o século do Iluminismo, da vontade de compreender racionalmente o mundo. E também ficou famoso por escrever poemas científicos. Ele era, portanto, cientista e poeta, e temos que dar o mesmo peso para as duas partes dessa expressão. Era um cientista por completo e um poeta por completo. No século 18, a ciência se fazia, em boa medida, pela poesia — e o contrário também é verdadeiro.

Assim como Aristóteles, assim como uma longuíssima corrente de pensamento ocidental, Erasmus acreditava no funcionalismo. Acreditava que as estruturas dos seres vivos existiam porque cumpriam determinadas funções. Por isso — porque todas as partes do corpo deveriam ter uma utilidade —, era um dilema para ele a questão dos mamilos nos mamíferos do sexo masculino. Para que servem? Era difícil justificá-los, mas era necessário que houvesse alguma explicação para eles na história da transformação dos seres vivos.[5]

Na história da *transformação* dos seres vivos — essa palavra é importante. Porque, diferentemente de Aristóteles, Erasmus Darwin era um evolucionista. Aristóteles nunca se preocupou em pensar propriamente na história das espécies. Ele olhava para os seres e os descrevia da forma como eram naquele momento — e o que fazia sentido era pensar que eles sempre tinham sido assim. Mas Erasmus, que viveu muitos séculos depois de Aristóteles, acreditava que as espécies se transformam, que elas não foram sempre iguais.

A vida orgânica sob as ondas sem margem
Nasceu e cresceu nas cavernas peroladas do Oceano;
As primeiras formas diminutas, invisíveis para as lupas,
Movem-se na lama, ou despontam nas massas aquosas;

Estas, com o desabrochar de gerações sucessivas,
Ganham novos poderes, e assumem membros maiores;
Delas, brotam incontáveis grupos de vegetação,
*E reinos respirantes de nadadeiras, e pés e asas.**

Esse é um trecho de *The Temple of Nature* [O templo da natureza], um dos livros que Erasmus Darwin publicou, em 1803. Se prestarmos atenção, veremos que o que ele fala nesses versos tem a ver com o surgimento da vida e a transformação das espécies: as formas diminutas se movem na lama e despontam das massas aquosas; com as gerações que se sucedem, elas ganham poderes novos e assumem membros maiores. Em *Zoonomia*, outra obra evolucionista, ele escreveu:

> Seria ousado demais imaginar que, no longo curso de tempo desde que a Terra começou a existir [...] todos os animais de sangue quente surgiram de um mesmo filamento vivo [...], dotados da capacidade inerente de sempre se aperfeiçoarem, e de passarem adiante essas melhorias na geração de seus descendentes, até o fim dos tempos?[6]

A seu ver, eram três os mecanismos responsáveis pelas mudanças nas espécies: o apetite sexual, a fome e a busca por proteção.

---

* *Organic life beneath the shoreless waves / Was born and nurs'd in Ocean's pearly caves; / First forms minute, unseen by spheric glass, / Move on the mud, or pierce the watery mass; / These, as successive generations bloom / New powers acquire, and larger limbs assume; / Whence countless groups of vegetation spring, / And breathing realms of fin, and feet, and wing.* Erasmus Darwin, *The Temple of Nature: or, the Origin of Society. A poem, with Philosophical Notes*. Baltimore: Bonsal & Niles, Samuel Butler, and M. and J. Conrad & Co, 1804.

ERASMUS DARWIN

Erasmus Darwin era um dos participantes da chamada Sociedade Lunar, um grupo de inventores, naturalistas, filósofos, abolicionistas e industriais que se reuniam (a princípio, nas noites de lua cheia) para realizar experimentos científicos e discutir as tendências filosóficas do Iluminismo. Havia, nesse grupo, sujeitos como Joseph Priestley, químico considerado um dos descobridores do oxigênio; James Watt, que revolucionou a construção de máquinas a vapor, impulsionando o avanço da Revolução Industrial (a unidade de medida watt foi nomeada em sua homenagem); e Josiah Wedgwood, que viria a ser o avô materno de Charles Darwin. Inspirado por esses encontros da vanguarda científica inglesa, Erasmus, que era médico e poeta, tentou a mão também como inventor: criou uma "máquina falante", uma grande estrutura em madeira que trazia à frente um rosto esculpido e lábios de couro, com um pedaço de seda acoplado à parte anterior, por onde poderia passar uma corrente de ar, fazendo o rosto pronunciar certas sílabas numa voz semelhante à humana. O projeto de Erasmus (que ele não chegou a concluir) era adaptar a máquina às teclas de um piano-forte ou cravo, que, quando tocadas, fariam a grande boca cantar.

Em sua obra poética, Erasmus dizia querer alistar a imaginação sob o estandarte da ciência. Teve imenso sucesso como autor (chegou a ser considerado para o cargo de poeta laureado do rei), prestando-se a fazer a ponte entre o fim do estilo clássico, que dominou o começo do século 18, e o nascimento do movimento romântico, no final daquele mesmo século. Samuel Taylor Coleridge, poeta central do romantismo inglês, referia-se a ele como a primeira personalidade literária da Europa, pela originalidade de seu pensamento. Mas dizia — em tom de revolta geracional contra seu predecessor — que a artificialidade de seus versos lhe provocava náusea, e que era preciso desfazer-se dessa escrita afetada e gasta para que uma nova poesia pudesse surgir. No entanto, muitas imagens dos poemas de Erasmus Darwin foram aproveitadas por poetas românticos, a começar pelo próprio Coleridge e seu parceiro de escrita William Wordsworth, ao lado de quem publicou o livro *Baladas líricas*, em 1798. E também Percy Bysshe Shelley remete a *The Love of the Plants* em poemas emblemáticos da segunda geração do romantismo inglês, como "The sensitive plant" [A planta sensível].

Erasmus Darwin dizia que o mundo não era governado pelos mais espertos, mas sim pelos mais ativos e enérgicos. E que o bom senso só aumentaria se os homens parassem de enfarinhar suas cabeças como se fizessem um bolo (referia-se à moda das perucas). Na opinião de Charles Darwin, o que mais chamava a atenção na personalidade do avô era a energia e a atividade incessante de seu pensamento.

Manco de uma perna, com o rosto profundamente marcado pela varíola, Erasmus era também bastante gago. Conta-se que, certa vez, um jovem lhe perguntou, de maneira hostil, se a gagueira não o atrapalhava, ao que ele respondeu: "De modo algum, pois ela me dá tempo de pensar antes de falar e me previne de fazer perguntas inconvenientes".[7] No dia a dia, costumava acordar bastante cedo, e organizava seus papéis de tal forma que, se acordasse no meio da noite, conseguiria prontamente levantar-se e trabalhar, até que o sono voltasse. Detestava a hipocrisia e o moralismo dos que se agarram às normas e aos costumes. Dizia que transmitir felicidade e aliviar aflições eram seus únicos parâmetros morais. Posicionava-se abertamente contra a escravidão e os manicômios e insistia para que o sistema prisional europeu fosse reformado. Inspirado pelo filósofo Jean-Jacques Rousseau, com quem se correspondia, defendia também que a educação das crianças fosse mais gentil e acolhedora.

Erasmus Darwin já estava pensando num tipo de evolução das espécies, e isso era algo relativamente novo naquele momento, embora o naturalista Jean-Baptiste de Lamarck, seu contemporâneo na França, também se debruçasse sobre essas questões. Lamarck foi muito mais a fundo e desenvolveu uma teoria propriamente dita, estruturada, sobre a evolução — uma teoria funcionalista, segundo a qual a natureza estaria sempre *melhorando*, progredindo. Tudo na natureza estaria em constante mudança, em constante progresso, em direção a uma utilidade maior, a um funcionamento mais eficaz.

Mas, de modo geral, naquele século 18 e em boa parte do 19, o mais comum entre os filósofos da natureza era ser fixista, isto é, acreditar que as espécies eram fixas, que todo ser vivo que existe hoje é idêntico a todo ser vivo que já existiu um dia na Terra. Desde sempre. Dentro desse pensamento, sempre houve gato, sempre houve orquídea, sempre houve o vírus da gripe, o coronavírus, e sempre houve ser humano. E nunca houve dinossauro.

PPP: Há uma característica essencial do pensamento biológico aristotélico que vai sobreviver ao longo dos séculos, não só na Antiguidade clássica, como no que chamamos de Idade Média e nos séculos posteriores, na época moderna também. É a ideia de que a identificação das partes anatômicas, nas suas especificidades, permitiria uma classificação dos seres vivos. Essa classificação é, por assim dizer, um mapa que vai dar ao naturalista uma imagem do que é esse mundo dos organismos. Vamos conseguir dispor esses animais e plantas numa determinada ordem, embora eles tenham uma variedade praticamente infinita.

Em meio à confusão de seres vivos tão diferentes uns dos outros, com asas, barbatanas ou braços, tentáculos ou membranas, olhos de toupeira ou de lince, os naturalistas buscaram desvendar ordens que estariam escondidas e, daí, criaram classificações. Se considerássemos as espécies ao nosso redor agora — outros humanos, talvez um gato ou um cachorro, algumas plantas, mofo, insetos, microrganismos aos milhões e bilhões —, e se não tivéssemos nenhuma teoria a partir de onde começar, como organizaríamos tudo isso? Aristóteles fez isso, partindo de uma divisão básica: ele definiu o reino dos Animais — que são móveis — e o das Plantas — que são imóveis.[8]

Essa divisão se manteve por muito tempo. Até que, no século 18, um botânico sueco chamado Carl Linnaeus, conhecido simplesmente como Lineu, atualizou e ampliou muito o que Aristóteles tinha feito. Lineu se considerava uma espécie de segundo Adão: queria nomear todas as coisas que existiam na Terra. Porque, como ele disse, "se você não sabe o nome das coisas, o conhecimento sobre elas também se perde".[9] É algo que um poeta também poderia dizer.

Quando tinha 28 anos, Lineu publicou o *Systema Naturae* [O sistema da natureza, em latim]. É o seu livro mais conhecido. Ao longo da vida, Lineu foi fazendo mais e mais acréscimos a ele, à medida que descobria mais espécies. Ele era professor da Universidade de Uppsala, no norte da Suécia, e, preferindo ficar ali, sem sair do país, mandava muitos dos seus estudantes — que chamava de seus "apóstolos" — viajarem pelo mundo para coletar animais e vegetais de todas as partes e lhe enviar seus nomes e descrições. Foram doze edições no total de um livro que é, na verdade, uma longa lista: começa com definições do que é o "mundo", a "natureza", a "ciência", e segue com os nomes de todas as espécies que ele e seus estudantes conseguiram reunir de animais e de vegetais, organizadas por gênero, famílias, ordens, classes, filos e reinos. Nessa organização,

Crédito: Wellcome Collection

Imagens do Systema Naturae *descrevendo estruturas vegetais e animais*

animais que nunca se encontraram na natureza podem estar numa mesma categoria: um gato doméstico nunca viu um tigre ou um leão, mas todos eles estão dentro de um mesmo grupo, porque têm características semelhantes, elementos comuns. Para Lineu, o caos da natureza tinha que ser posto em ordem dentro de muitas gavetas, muitas caixinhas diferentes, e só a partir disso é que seria possível fazer ciência. Como ele mesmo resumiu, sem muita modéstia: Deus criou, Lineu organizou —[10] e classificar os seres em grupos seria descobrir a lógica secreta da criação biológica de Deus.[11]

Há algo de verdadeiramente apaixonado nisso. Uma paixão que, apesar do autoelogio, era sobretudo pela natureza. Prova disso está numa carta que ele escreveu a um colega, também aficionado de coleções e classificações: "Estupefato, vi a ti como uma fênix em meio à tua gente: insatisfeito com a casca exterior da natureza, não te deténs no seu vestíbulo, mas adentras, penetras os segredos divinos e trazes às claras os que estavam encerrados no sacro interior da natureza".[12]

Até hoje, fazemos a taxonomia, isto é, a classificação dos seres, a partir das categorias gênero — que vem em letra maiúscula — e espécie — em letra minúscula. Sempre em latim e com algum destaque (em geral, usa-se o itálico), como *Homo sapiens* (que quer dizer, literalmente, homem sábio, homem conhecedor). Assim também, Lineu deu para o gato doméstico, por exemplo, o nome científico de *Felis catus* (gato astucioso) e, para o gato selvagem, *Felis silvestris* (silvestre, da floresta).

PPP: É interessante, porque o pensamento classificatório também tem os seus segredos e os seus momentos que são propícios a nos causar um certo sentimento do maravilhoso. Para identificar o que é de fato comum, é preciso antes discernir com acuidade as diferenças.

Passer domesticus, pardal doméstico
Simia troglodytes, chimpanzé
Vespertilio vampyrus, raposa gigante voadora
Rhinoceros unicornis, rinoceronte indiano
Elephas maximus, elefante asiático
Bradypus tridactylus, um bicho-preguiça
Felis leo, leão
Felis pardalis, jaguatirica
Viverra tetradactyla, suricato
Ursus maritimus, urso-polar
Ursus lotor, guaxinim
Hystrix cristata, porco-espinho
Balena boops, jubarte
Physeter macrocephalus, cachalote
Delphinus delphis, golfinho
Coccinella septempunctata, joaninha
Periplaneta americana, barata
Apis truncorum, uma abelha
Pediculus humanus, piolho-humano
Micrasterias radiata, uma alga verde
Corallina pinnata, um tipo de coral

PPP: Pode parecer mais simples realizar uma classificação dos mamíferos do que das plantas, por exemplo. Porque nós estamos acostumados com a forma do mamífero, inclusive porque é a nossa. Agora, quando olhamos para as plantas, fica mais difícil; então que princípio se pode adotar para realizar a classificação dos seres vivos? Ora, se temos um critério geral, que é o de aproximar os seres por identidades que são de fato distintivas daquele grupo, temos que saber o que separa esse grupo dos outros. Por outro lado, feito isso, temos que adotar um princípio, ou seja, qual vai ser a característica eleita como distintiva? Na época moderna, com Lineu, é o órgão sexual das plantas. Por que ele escolheu essa função? É uma escolha arbitrária.

Ao estabelecer como critério as partes masculinas e femininas das plantas — os seus órgãos sexuais, ou seja, as flores —, Lineu desenvolveu um sistema simples para identificar qualquer espécie vegetal. E sua escolha esteve ligada, em primeiro lugar, a sua grande descoberta: as plantas se reproduzem sexualmente! Em seguida, ele percebeu que esse sistema de classificação realmente funciona com facilidade: sabendo como são os órgãos das plantas, um botânico pode se perder floresta adentro e identificar com poucos elementos o que está vendo. Mas essa classificação chocou muitos de seus contemporâneos, principalmente por causa das aproximações que fazia entre a sexualidade das plantas e a dos humanos. Por exemplo, as classes das plantas tinham nomes como Monandria (um marido), Diandria (dois maridos) e Triandria (três maridos). E, para contar o número de estames (órgãos masculinos) e pistilos (órgãos femininos) de uma certa flor, Lineu escrevia coisas do tipo: "são oito homens em um mesmo quarto nupcial com uma só mulher".[13]

Isso serviu de inspiração para Erasmus Darwin — a partir desse sistema de classificação, ele escreveu um livro chamado *The Love of the Plants* [O amor das plantas, 1790]. Na época, houve quem achasse isso tão descabido que um grupo conservador, em uma revista chamada *Anti-Jacobin* (em referência aos jacobinos da Revolução Francesa), publicou um poema-paródia chamado "The Love of the Triangles" [O amor dos triângulos]. Era fácil satirizar

Erasmus Darwin: ele era muito singular e pouco preocupado em ser discreto. Receitava para pacientes com problemas psíquicos que fizessem mais sexo — isso 150 anos antes de Freud. Mas, deixando os humanos de lado e voltando às plantas, no livro *The Love of the Plants*, Erasmus transforma o sistema de Lineu em poesia amorosa, e até poesia erótica. Era assim, por exemplo, que descrevia os galanteios da cúrcuma:

> ***A fria e tímida Cúrcuma, seduzida lentamente***
> ***Encontra o amado marido com o olhar reticente:***
> ***Quatro jovens imberbes comovem sua obstinada beleza***
> ***Com um amor platônico e doces delicadezas.****

E, alguns versos depois, esta é a íris:

> ***A íris, coberta de sardas, tem um fogo que nunca apaga:***
> ***Com três maridos ciumentos ela se casa.*** **

* * *

Lineu chegou a classificar mais de 7 mil espécies de plantas e mais de 4 mil de animais. E esse método de organização é muito útil: serviu, no século 19, para classificar até as nuvens. Mas, olhando

---

* *Woo'd with long care, curcuma cold and shy / Meets her fond husband with averted eye: / Four beardless youths the obdurate beauty move / With soft attentions of Platonic love.* Trecho de poema presente em *The Botanic Garden, a poem in two parts*, de Erasmus Darwin. Nova York: T&J Swords, 1807.

** *The freckled iris owns a fiercer flame, / And three unjealous husbands wed the dame.* Ibid.

para sua obra, não fica claro *o que*, na verdade, é uma espécie. E muito menos se existiria a possibilidade de uma espécie se transformar.

Já para Erasmus Darwin, como falamos, a transformação das espécies era um assunto de interesse, e muitas de suas ideias evolucionistas podem ser encontradas em *Zoonomia* (inclusive a pergunta sobre os mamilos dos homens). Charles Darwin estava em Cambridge quando leu o livro do avô. E, na verdade, por mais incrível que possa parecer, não foi muito afetado pela leitura — naquela época, ele ainda não acreditava que as espécies se transformavam. Ou seja, Charles Darwin não estava de acordo com as ideias do próprio avô. Ele era um fixista. E foi como um fixista, acreditando que as espécies eram assim e sempre tinham sido assim, que ele embarcou no *Beagle*.

Isso torna o caso de Darwin bastante curioso: seu avô era um evolucionista; seu pai, idem. O ex-libris de Erasmus — desenhado por ele mesmo — era de uma concha, com uma frase em latim que dizia que tudo veio do mar: *E conchis omnia*, "Das conchas, tudo". Mas, a bordo

Ex-libris de Erasmus Darwin com o lema E conchis omnia

do navio, enquanto viajava, embora coletasse artigos diversos que se tornariam pistas para suas descobertas, Charles Darwin ainda estava longe de chegar a uma teoria que pudesse explicar o surgimento das espécies na Terra. Ele deu uma volta longa para chegar a um lugar próximo àquele em que sua própria família já havia chegado, de uma forma ou de outra. Mas acontece que essa volta longa fez toda a diferença: ele alcançou a ideia de evolução inventando um caminho próprio. E, quando enfim se encontrou com as teorias de evolução mais antigas, o percurso interior que havia feito lhe mostrou um caminho novo por onde continuar, por onde levar a ideia adiante.

* * *

Agora, vamos nos aproximar um pouco mais de Charles Darwin no tempo, fazendo a passagem do século 18 para o 19. Ele era, afinal de contas, um homem do século 19. E, para entendermos melhor o contexto do pensamento biológico nessa transição de séculos, vamos sair da Inglaterra e ir até a França.

PPP: A vanguarda do pensamento biológico a partir da metade do século 18 é francesa — por uma série de razões que não vem ao caso desenvolver aqui —, e isso vai se acelerar e se intensificar no momento em que a Revolução Francesa vem e transforma uma importante propriedade do rei, o Jardim Botânico de Paris, em uma instituição de pesquisa pública, o Museu Nacional de História Natural, custeado pelo Estado francês. As pesquisas aí desenvolvidas não surgem da genialidade de homens que brotam do nada, é necessário um estímulo público, que seja capaz de apostar que alguma coisa vai sair de um embate incerto de teorias e de um jogo incerto de pesquisas. A grande pesquisa não é uma pesquisa que pode se desenvolver com o pressuposto de que "olha, isso aqui eu tenho certeza de que vai dar certo, então eu só vou investir nisso". Quando fazemos isso, estamos justamente no atraso.

Para nos localizarmos um pouco, Darwin nasceu em 1809 — exatamente vinte anos depois do começo da Revolução Francesa, em 1789. Ele nasceu dentro de um mundo que estava em transformação, com todas as mudanças que decorreram da própria Revolução e que se davam no pensamento e nas pesquisas científicas e acadêmicas. E temos que ter em mente que tudo isso faz parte de um processo que, por mais complicado que fosse, e embora tenha sido o momento de maior uso da guilhotina da história do planeta Terra, caminhava para uma democratização.

PPP: O que os franceses perceberam na época da Revolução é que, se essas pesquisas deixassem de ser vinculadas a um proprietário privado, que era a Coroa, e passassem a ser de responsabilidade da república nascente, essa república teria ganhos materiais importantes. A pesquisa no Jardim do Rei (ou Jardim das Plantas) vai se transformar portanto na pesquisa do Museu de História Natural, que logo vai se beneficiar dos espólios da guerra que serão trazidos a Paris pelos exércitos de Napoleão. Quando o exército francês vai para o Egito, para a Rússia, para a Holanda, invade a Itália, ele é acompanhado de uma missão científica que faz escavação de solo, coleta de plantas e fósseis etc.

Darwin provocou uma mudança enorme em todo o pensamento sobre o mundo natural, sobre o que é a vida. Mas ele já nasceu num momento em que muitas coisas estavam mudando, e isso foi importante para que pudesse chegar aonde chegou. Tomemos Lineu, por exemplo, e o sistema de classificação das espécies: na décima edição do *Systema Naturae*, Lineu lista 63 tipos diferentes de escaravelhos e 43 de caracóis marinhos, mas todos os animais nomeados são aqueles que ele e seus ajudantes conseguiram encontrar. São animais que existem; não há nenhuma ideia de extinção das espécies na sua obra. O mesmo acontece com Aristóteles: nos dez volumes que escreveu sobre a história dos animais, ele não chegou a considerar que os animais pudessem, de fato, ter tido uma *história*. Nem no passado, nem no futuro.

A palavra "dinossauro", tão familiar para nós, foi criada apenas em 1842. Até a época de Darwin, as pessoas não só não acreditavam na evolução das espécies como nem sequer imaginavam que espécies pudessem se extinguir. Uma descoberta veio quase junto da outra: para que se chegasse à ideia de que as espécies estão em transformação, foi preciso aceitar que elas estão também lidando com a possibilidade da própria morte, da própria extinção.

É claro que os sinais apareciam, mas nós lemos os sinais à nossa volta de acordo com a ideia de mundo que temos. Então, quando eram encontrados fósseis de criaturas estranhas — um osso gigante de mamute na margem de um rio — e ninguém entendia muito bem o que era aquilo, a explicação mais popular afirmava que aqueles eram sinais do dilúvio de Noé. O que não coube na barca teria virado fóssil. Haveria *aquela* única extinção das espécies: uma extinção divina, sobrenatural.

A ideia do que são os fósseis, e da importância deles para o entendimento das espécies, mudou completamente a partir da chegada de um sujeito — um sujeito que brotou em Paris como um cogumelo.[14] Ou, pelo menos, foi assim que um colega descreveu o impacto da chegada do anatomista e fisiologista Georges Cuvier, que era de uma cidadezinha francesa na fronteira com a Suíça e se mudou para

Paris com 25 anos. Ele tinha conseguido um bom cargo na capital: professor no Museu Nacional de História Natural, que antes era uma propriedade do rei e tinha se transformado numa instituição de pesquisa pública. Cuvier, no seu tempo livre, quando não estava dando aulas, investigava as coleções do museu. Estudava os ossos de elefantes e de outros animais de grande porte — tanto de espécies atuais e que lhe eram conhecidas como de outras que nunca tinha visto e de que nunca tinha ouvido falar. Eram ossos encontrados na América e enviados para Paris que ninguém sabia exatamente de que animal poderiam ser. Ossos gigantescos, como um fêmur com mais de um metro ou dentes do tamanho da mão de uma pessoa. Um enigma.

Quando Cuvier chegou a Paris para dar aulas no museu, era um homem relativamente magro. Mas, naquela época, os chefes de cozinha da realeza e da aristocracia francesas, desempregados por causa da revolução, começaram a abrir os primeiros restaurantes da cidade. E Cuvier, que não gostava só de museus e de ossos enormes, foi engordando cada vez mais. Ele se fazia notar quando chegava em algum lugar, e não apenas pelo seu tamanho: um amigo seu disse que o anatomista era como a crosta da Terra — normalmente tranquilo, mas capaz de tremores violentos e erupções.[15] Por causa dos estudos que fez de ossos e de fósseis, e também por causa de sua personalidade, incluindo o talento para apresentar ao público suas descobertas, ele conseguiu impressionar e transformar muito o pensamento de uma época.[16]

Antes de Cuvier, a explicação mais aceita para aqueles ossos misteriosos e gigantescos era a de que pertenciam a elefantes. Mas Cuvier notou que os dentes eram diferentes dos de elefantes conhecidos: as ondulações nas coroas dentárias divergiam, e isso era o suficiente para que ele entendesse que se tratava de espécies diferentes. Aqueles dentes haviam pertencido a um animal que

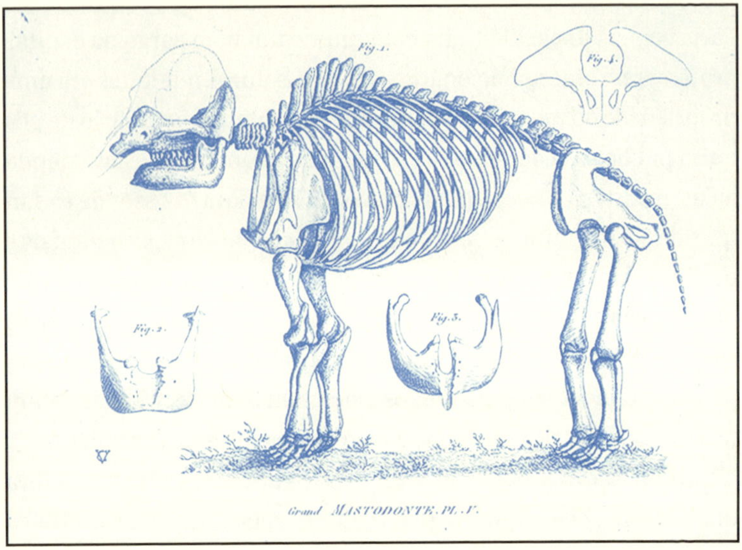

Esqueleto de mastodonte. Georges Cuvier, 1812

não existia mais. Na conferência sobre esses ossos, Cuvier falou que a natureza deve ser o nosso único livro. Ele citava Galileu, que uma vez dissera que a natureza é um grandíssimo livro. E, realmente, o que Cuvier fazia com os fósseis era lê-los e interpretá-los, para descobrir tudo o que eles escondiam — porque a natureza é um livro que foi escrito em linguagem cifrada. Os fósseis são vestígios, e a leitura desses vestígios se tornou uma nova ciência: a paleontologia. Era isso que Cuvier estava fundando ao declarar que aqueles ossos não eram de nenhuma espécie do presente, mas do passado: espécies que foram perdidas. E, assim, ele começou a investigar diversos outros fósseis, de todos os tipos, e a mostrar que muitos daqueles ossos eram de animais que haviam desaparecido da Terra — que tinham sido extintos.

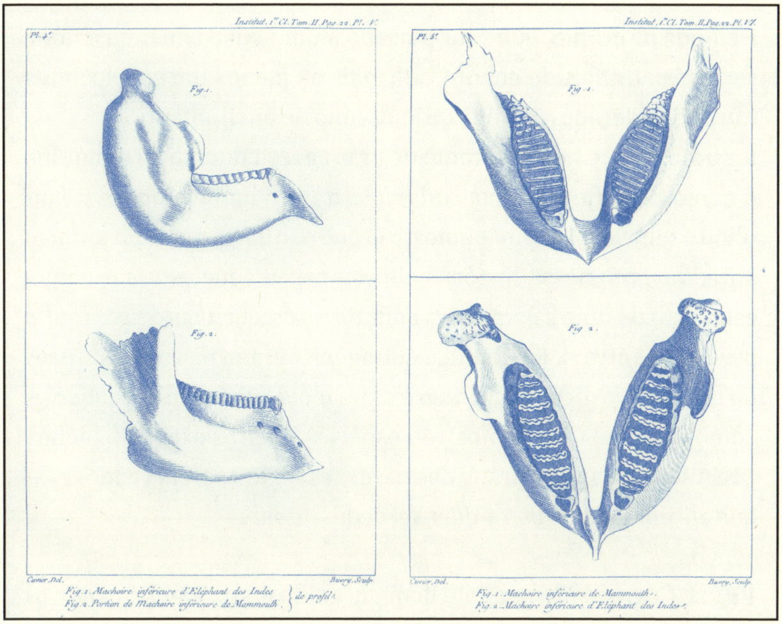

Figura da mandíbula de um elefante indiano e da mandíbula fóssil de um mamute do artigo de Cuvier de 1798-99 sobre elefantes vivos e fósseis

PPP: Cuvier desenvolveu um método de identificação de ossadas fósseis. Ele encontra uma parte de um esqueleto e deduz, funcionalmente, o resto do esqueleto. Ele trata os fragmentos de fósseis como se fossem parte de um cálculo, com variáveis conhecidas a partir das quais se pode determinar as desconhecidas.

Cuvier se tornou um showman da paleontologia com sua capacidade de descobrir, a partir de um só osso, ou pedaço de osso, a forma inteira de um animal extinto. Um bom exemplo foi o trabalho que realizou com um crânio em meia-lua pertencente a um museu da

Holanda. O crânio, que estava ligado a um pedaço de uma coluna vertebral, tinha sido encontrado mais ou menos um século antes, e era considerado o crânio antiquíssimo de um humano, apesar de ter um formato bem diferente de uma cabeça humana. Deram-lhe o nome científico de *Homo diluvii testis* — o homem que testemunhou o dilúvio. Mas Cuvier mostrou que não havia nenhum homem antediluviano nessa história: ele comparou aqueles ossos com o esqueleto de uma salamandra comum e percebeu que eram muito parecidos entre si. E entendeu que aqueles eram, na verdade, ossos de um anfíbio gigante que não existia mais.[17] Foi com descobertas como essa que Cuvier mostrou espécies inteiras extintas: bichos--preguiças-gigantes, ursos das cavernas e até répteis voadores — que ele nomeou de *ptero-dactyle*, dedos de asa.

PPP: E Cuvier é plenamente bem-sucedido nisso, identificando os primeiros fósseis do que depois será chamado de megafauna do Pleistoceno: o mamute, o mastodonte, o megatério etc. Então, a partir disso, ele passou a receber ossadas fósseis do mundo inteiro para serem interpretadas e desenhadas por ele. O que Cuvier fazia era desenhar o animal. Se ele recebia ossos de São Petersburgo, por exemplo, devolvia um desenho do animal para lá, e isso propiciou aos museus e às instituições de pesquisa o que vemos até hoje: um esqueleto fóssil montado. Mas pouquíssimos desses esqueletos fósseis haviam sido encontrados integralmente.

Cuvier era um defensor do estudo anatômico. Por um lado, ele desenvolveu a teoria de que a Terra um dia foi habitada por criaturas fantásticas que não existiam mais. Mas, por outro, ele não comprava nem um pouco a teoria de que as espécies pudessem evoluir: o que existiu e não existe mais, para ele, tinha se apagado, tinha sido extinto, e não teria se transformado em nada. Cuvier ridicularizava quem pensasse o contrário. Sua crença era na *perfeição* da anatomia — cada parte de um animal existe para cumprir perfeitamente uma função. Ele dizia que havia uma "correlação das par-

MARY ANNING

Se Cuvier foi o pai da paleontologia, a mãe foi Mary Anning. Mary nasceu em uma família inglesa de classe baixa na costa sudoeste da Inglaterra, em 1799. Ainda pequena, tornou-se ajudante do pai, que era marceneiro e colecionador amador de fósseis. Alguns dos fósseis coletados e tratados com a ajuda da filha eram vendidos em sua loja. Mary praticamente não teve educação formal, mas sabia ler e estudava por conta própria geologia e anatomia. Cada vez mais experiente em localizar e identificar fósseis, ela desenterrou espécimes monstruosos, como o primeiro pterossauro encontrado na Grã-Bretanha e os primeiros esqueletos completos de várias outras espécies do período Jurássico. A costa onde se situa a cidade natal de Mary é hoje chamada de Costa Jurássica e tornou-se patrimônio cultural da humanidade pela quantidade de fósseis e ossadas encontrados no local.

Mary Anning era a inteligência certa no lugar certo. Com o tempo, museus e colecionadores do mundo inteiro solicitavam e compravam seus achados, e naturalistas e professores vinham consultá-la atrás de seu conhecimento ímpar sobre o assunto. Por sua classe social e por ser mulher — e também por conta de um sem-número de cientistas que nunca lhe deram os devidos créditos —, sua contribuição e suas ideias não foram reconhecidas em vida.

tes"; que, por exemplo, um animal é carnívoro porque tem dentes perfeitos para consumir carne. E, seguindo o princípio de correlação, tendo esses dentes, o animal teria logicamente garras que servissem à caça, órgãos de sentido apurados para detectar a presa de longe, um sistema de locomoção apropriado para a perseguição e um sistema digestório capaz de digerir a carne. Se qualquer uma dessas características sofresse alterações, todo o sistema seria destruído. Um indivíduo que nascesse com variações em relação aos seus progenitores simplesmente não teria como sobreviver: segundo essa concepção, nunca daria origem a uma nova espécie.

PPP: As identificações se multiplicam, e o passado da natureza se torna mais denso, por assim dizer. Desde o início, Cuvier percebe que o fóssil é um marco de datação temporal. Esqueletos de animais com dimensões e formas similares são encontrados, em geral, nas mesmas camadas do solo. Isso sugere que o solo da superfície da terra é o arquivo da sucessão de épocas geológicas. O fóssil seria, então, um signo, que, devidamente decifrado, permitiria ao naturalista ouvir a silenciosa língua da natureza.

Mas essa ideia de sucessão de épocas é ainda tímida em relação à que existe hoje. A ideia que temos veio de Charles Lyell, que estudou com Cuvier, que foi a Paris para aprender o que estava na vanguarda da ciência. As datações que Lyell realizou projetaram a história do globo para a escala dos milhões e milhões de anos. Ele chegou a datações que tornaram possível pensar aquelas que observamos hoje. Ao mesmo tempo, contrariou a ideia de Cuvier segundo a qual uma época se sucede à outra devido a catástrofes ou hecatombes naturais. Para Lyell, a dinâmica das formas naturais é tranquila; para Cuvier, a extinção se encontra no centro do processo.

Enquanto Cuvier muitas vezes é chamado de "pai da paleontologia", Charles Lyell é tido comumente como "pai da geologia". Lyell nasceu em uma família rica. Seu pai, que também se chamava Charles Lyell, era tradutor de poemas de Dante para o inglês e estudava musgos e liquens. Algumas espécies de musgo levam seu nome até hoje. Foi provavelmente com o pai que Lyell aprendeu a olhar para o chão, mas ele foi mais para baixo da superfície: ateve-se às rochas e àquilo que viria abaixo delas, que não se sabia bem o que era — o fogo quente do centro da Terra, ou algo assim. Aquilo que não podia ver com os próprios olhos, Lyell deduzia ou imaginava. Seus livros convidam o leitor a imaginar junto com ele.

Lyell foi um dos mentores intelectuais de Darwin, mesmo à distância, mesmo antes de eles se conhecerem pessoalmente. Foi o capitão FitzRoy quem deu o livro de Lyell de presente para Darwin, recomendando a leitura, mas com o aviso de que não levasse muito a sério o que lia ali. Darwin aceitou a primeira parte do conselho; a segunda, nem um pouco. E, durante a viagem do *Beagle*, tudo aquilo que Darwin viveu, os animais e fósseis que encontrou, o terremoto que testemunhou no Chile, permitiram que ele verificasse que Lyell estava correto. O debate longo, de mais de século, sobre a idade do planeta Terra começava a se estabilizar rumo a uma resposta. Lyell, como Cuvier, como um grupo de cientistas sintonizados com aquelas novas descobertas, afirmava que a Terra era imensamente mais velha do que a leitura literal da Bíblia dizia; imensamente mais velha do que alguns poucos mil anos. Eles ainda não tinham as ferramentas para chegar ao cálculo de bilhões de anos — mas estavam se aproximando disso.

Só o tempo poderia explicar, afinal, a existência das diferentes camadas do solo. Só o tempo poderia explicar os fósseis, ou que um dia existiram espécies diferentes das que conhecemos hoje. O tempo explica a extinção. O tempo explica as montanhas.

O que a geologia faz é nos tirar da escala humana de tempo. Ela exige uma abstração grande para compreendermos que, para a história da vida na Terra, 30 mil anos atrás é como o dia de ontem. Nós, os *Homo sapiens*, surgimos há cerca de 300 mil anos. E isso, de um ponto de vista geológico, não é praticamente nada. Porque, se formos até a extinção dos dinossauros, por exemplo, damos um salto astronômico: faz 65,5 milhões de anos que ocorreu a extinção do período Cretáceo-Paleógeno. São 65,5 milhões de anos: esse "vírgula cinco" parece quase nada perto de "sessenta e cinco milhões", mas são simplesmente 500 mil anos. Só depois dessa vírgula, já temos mais tempo do que o tempo da espécie humana sobre a Terra.

Mesmo se você, que está lendo este livro, for um geólogo, ou paleontólogo, ou astrofísico, ou colecionador de telescópios — quando você para e pensa na grandeza das coisas, não sente uma certa vertigem?

E é difícil estabelecer um raciocínio lógico diante desse estado de vertigem. É pouco intuitivo, talvez. Na época de Lyell, foi uma ideia difícil: porque não é fácil aceitar, de primeira, que, quando olhamos para um fenômeno do mundo físico, por exemplo uma montanha, a sua explicação seja dada pelo tempo — pelo "tempo profundo", como passou a se chamar essa temporalidade tão mais longa do que a humana. O debate foi controverso, com muitos pontos de vista diferentes, alguns que já foram esquecidos hoje e são difíceis de levar a sério. Houve quem justificasse a existência de fósseis dizendo que eles seriam como o umbigo de Adão — você pode entender o que isso significa lendo a história do naturalista Philip Henry Gosse, logo depois deste capítulo.

JOHANN BERINGER

Antes de Cuvier, de Anning e de outros paleontólogos pioneiros, entender os fósseis e o que eles podiam revelar sobre a história da Terra e das espécies era um grande mistério da ciência. Um caso interessante é o de Johann Beringer, professor na Universidade de Wurtzburgo, na Alemanha, que publicou, no começo do século 18, um longo tratado sobre os fósseis que havia encontrado. Eram especialmente curiosos: muitos tinham desenhos como sóis e luas, estrelas, um bebê humano ou animaizinhos simpáticos. Em alguns, encontrou até traços de letras do alfabeto hebraico soletrando o nome de Deus!

Se você pensou que os achados de Beringer não eram fósseis coisa nenhuma, acertou. As pedras desenterradas eram cerâmicas plantadas por dois colegas de Beringer, que, cansados de sua credulidade e arrogância, queriam vê-lo passar vergonha em praça pública. O plano deles deu certo: Beringer é até hoje lembrado pelo caso das "pedras mentirosas" (*Lügensteine*). Pode parecer óbvio para nós, hoje, que um fóssil não poderia trazer a inscrição do nome de Deus — mas, como Darwin resumiu bem em sua autobiografia, "é fácil ignorar fenômenos, mesmo que óbvios, antes de eles terem sido observados por alguém".[18]

As controvérsias se davam mesmo entre os nomes mais centrais do mundo científico — Lyell e Cuvier, por exemplo, discordavam quanto às mudanças que ocorrem no planeta Terra. O subtítulo de *Princípios de geologia*, de Lyell, é: *Uma tentativa de explicar as mudanças de outrora da superfície da Terra tendo como referência causas ainda em operação*. O que isso quer dizer? A principal questão para Lyell era comprovar que a Terra está em constante movimento. Constante mesmo: as mudanças não seriam fruto de cataclismos nem de imensas catástrofes, mas algo mais subterrâneo, mais detido e insistente. A imensa história do planeta, para Lyell, é contada pelo acúmulo de historiazinhas. São as águas, sobre a superfície da Terra — os rios, os mares, até mesmo as chuvas — e o calor por baixo da superfície que dão conta de trabalhar e retrabalhar o planeta. São dois movimentos complementares: o fogo eleva a crosta da Terra; a água a move e desgasta. Nenhum dos dois nunca está parado.

Lyell deu a isso o nome de uniformitarismo, para fazer oposição ao que era chamado de catastrofismo, isto é, a corrente que dizia que a Terra mudava por grandes catástrofes e depois enfrentava períodos de estabilidade. Cuvier era um desses catastrofistas. Havia muitos geólogos catastrofistas, e um bom tanto que ficava no meio do caminho — uma espécie de meio-termo entre o cataclismo e a constância.

O uniformitarismo de Lyell foi a linha de pensamento que ganhou o debate. E, para entendê-lo, temos que nos tirar de cena. Darwin viu um terremoto no Chile que impactou direta e tragicamente a vida de muitas pessoas. Para as nossas vidas, esse é realmente um cataclismo imenso. Para o planeta Terra, nem tanto. O uniformitarismo de Lyell pode nos confundir por causa do nome e por causa da escala das coisas, mas a ideia é a seguinte: um terremoto que, para os nossos parâmetros, é de grande magnitude, para o planeta não é; é apenas mais um pequeno fenômeno que está modificando, aos poucos e constantemente, a superfície da Terra. Então, quando Darwin viu esse terremoto, o que ele entendeu foi que essa era a prova de que Lyell tinha razão — porque, se um terremoto pôde fazer uma ilha subir 4,5 metros em relação ao nível do mar, um acúmulo de acontecimentos como aquele poderia explicar a existência de um Everest.

A visão de Lyell é mais imaginativa do que a dos catastrofistas — ele era realmente um escritor e um pensador muito criativo. Afinal, a catástrofe parece condizer mais com a aparência das coisas sobre a superfície da Terra. As montanhas cindidas ao meio, os cânions imensos, as espécies inteiras extintas... Seria mais óbvio pensar que algo de grandioso teria acontecido. É só por uma abstração, um exercício mental, que conseguimos aceitar que isso tudo ocorreu pelo acúmulo longuíssimo de pequenos movimentos — um terremoto, uma erupção vulcânica, o curso de um rio correndo, dia após dia. Lyell desviou o olhar das aparências e voltou-se para a própria imaginação, voltou-se para o pensamento abstrato. Pensamento que, depois, Darwin pôde pessoalmente comprovar a bordo do *Beagle*. Lyell dizia que o registro geológico é extremamente imperfeito, e, por isso, precisamos acrescentar a ele aquilo que não conseguimos ver, mas somos capazes de inferir.

* * *

São diferentes formas de pensar o tempo. O tempo do nosso planeta. Cuvier, por causa das tantas espécies extintas que foi identificando, acreditava que, de uma grande catástrofe natural para outra, a forma como a natureza opera teria se transformado muito. Para que tivessem ocorrido hecatombes tão extremas a ponto de extinguirem espécies inteiras, Cuvier pensava que a natureza do passado operaria de maneira muito mais selvagem, mais intensa, do que hoje em dia. Com base nisso, ele escreveu coisas como: "A natureza mudou de curso, e nenhum dos agentes que ela utiliza hoje teria sido suficiente para explicar as obras anteriores".[19] A natureza mudando de curso... como quem muda de ideia. É o contrário de Lyell, que dizia que o melhor jeito de entender o dia de ontem é olhar para o dia de hoje.

Cuvier, apesar de entender que as formas de operação da natureza mudaram, não acreditava que as espécies poderiam mudar, que suas formas se transformariam e evoluiriam. Haveria, sim, espécies inteiras que tinham sido perdidas, mundos que tinham desaparecido; mas, para ele, não poderia haver uma transformação lenta e gradual nas formas dos seres vivos. Cuvier acreditava que cada espécie era perfeita, e a natureza era uma imensa rede que conectava essas espécies. Uma rede complexa de elementos perfeitos e perfeitamente interligados; não faria sentido, do seu ponto de vista, pensar que aquilo tudo pudesse se transformar. Ele achava a teoria da evolução, como era proposta pelo seu colega Jean-Baptiste de Lamarck, uma grande bobagem.

Havia uma briga entre Lamarck e Cuvier. Porque Lamarck, de seu lado, não acreditava na extinção: dizia apenas que as "espécies perdidas" de Cuvier eram exemplares de seres que ainda não tinham evoluído completamente. E Cuvier, certa vez, disse ter encontrado a prova definitiva contra o que era chamado de *transformismo* das espécies — era o termo para o que chamamos hoje de evolução. Ele estava examinando uma coleção de múmias que o exército de Napoleão tinha trazido da invasão do Egito; e, no meio dessa coleção, havia um gato embalsamado. Cuvier então foi — é claro — examinar o gato egípcio de alguns milhares de anos para ver se havia alguma coisa diferente entre ele e um gato de rua parisiense. Mas não encontrou nada: os dois gatos eram idênticos. E isso, para ele, comprovava, logicamente, que as espécies sempre tinham sido as mesmas, que elas não se transformavam.[20] Lamarck objetou com um argumento que Cuvier conhecia bem: o tempo. Esses milhares de anos desde o Egito antigo representavam muito pouco, "um espaço de tempo infinitamente curto" para que um gato pudesse ter se transformado. Cuvier não se convenceu: "Sei que alguns naturalistas confiam bastante nos milhares de anos que empilham com uma simples canetada".[21]

JEAN-BAPTISTE DE LAMARCK

Apesar de Lamarck ser muito lembrado como o criador da teoria "errada" sobre a história das espécies, ele foi pioneiro em defender que elas de fato mudavam e se transformavam ao longo do tempo — coisa da qual Cuvier discordava e que era um dos motivos para o antagonismo deles.

Jean-Baptiste de Lamarck, nascido em 1744 e falecido em 1829, era um jovem soldado quando começou a se interessar por botânica e a colecionar plantas. Depois de se aposentar do exército por ferimentos, passou a perseguir os estudos e a carreira de naturalista, conseguindo alçar-se a uma posição no Jardim Real (o Jardim das Plantas, em Paris, onde hoje há uma estátua em sua homenagem). Quando o Museu de História Natural da França foi criado, ele se tornou professor de zoologia. Controvérsias à parte, Lamarck estava certo em sua defesa da transformação dos seres e de que deveria haver leis ditando as variações ao longo do tempo. Ele teve grande influência sobre Darwin, e algumas de suas ideias são hoje revisitadas pelo campo da epigenética, que estuda justamente alterações nas espécies que não ocorrem por transmissão de genes.

PPP: Quando Lamarck morre, Cuvier faz um elogio fúnebre em que diz que praticamente tudo o que Lamarck pensou estava errado. Isso é uma coisa que um inimigo faz, cuspir no túmulo do outro.

Nesse estranho "elogio fúnebre", Cuvier disse que as teorias do seu colega eram "como os palácios encantados de romances antigos", construídas sobre "fundações imaginárias". "Um sistema com essas bases pode divertir a imaginação de um poeta [...] mas não pode sustentar o exame de alguém que tenha dissecado uma mão, uma víscera, ou mesmo uma pena...".[22] Ou seja, para Cuvier, comparar teorias científicas a romances e poemas era uma forma de tirar o valor realmente *científico* dessas teorias. Porque um poeta seria alguém bem diferente de quem disseca mãos ou vísceras — pelo menos, Cuvier pensava assim.

Mas é curioso que ele tenha feito justamente essa comparação para diminuir Lamarck. Curioso porque, um ano antes de Cuvier morrer, o escritor francês Honoré de Balzac escreveu um livro prestando-lhe uma homenagem.

PPP: Não é à toa que Balzac disse que Cuvier era, mais que um homem de ciência, um poeta: ele decifrou a língua da história da sucessão das formas, mostrando, para assombro dos seres humanos, que o "nosso mundo" é apenas mais uma etapa de uma imemorial sucessão de mundos.

Para Balzac, chamar um geólogo de poeta era uma forma de reconhecer o efeito de maravilhamento, de vertigem que havia em tudo o que essa nova ciência trazia. A ideia de que o mundo é profundamente velho; a certeza de que o topo das montanhas mais altas da Europa, muito tempo antes, eram oceanos; a possibilidade de que espécies inteiras, mundos inteiros desaparecidos existiram antes de a humanidade ter botado os pés na Terra... tudo isso era muito mais impressionante do que as coisas que a ficção seria capaz de criar. A ciência pode muito bem aumentar a admiração que sentimos diante do mundo. E Cuvier foi um cientista que não só apresentou esses mundos novos e muito antigos, mas soube popularizar a ciência que estava construindo, difundir as suas ideias não só entre a comunidade científica. Um imaginário inteiro era criado e ampliava muito a nossa ideia de planeta e de tempo, além da sensação do tempo: aquelas escalas temporais imensas eram, até pouco antes, inimagináveis. E o que um tempo profundo tem a dizer sobre o presente? O que fragmentos de uma pata, de um molar, que parecem insignificantes, podem dizer sobre uma espécie inteira? São formas de encontrar, no que é visível, signos do invisível.

Para um escritor como Balzac, isso interessava muito. Porque, quando ele escreveu *A comédia humana*, um conjunto de quase cem romances que exploram os grupos sociais franceses, as engrenagens sociais da época, o que ele queria era principalmente traçar o que chamava de "história natural da sociedade". Balzac acreditava que existem e sempre vão existir espécies sociais, como existem espécies zoológicas (os animais) — e que, na verdade, as primeiras são ainda mais variadas do que as segundas:

> [...] as diferenças entre um soldado, um operário, um administrador, um advogado, um desocupado, um sábio, um homem de Estado, um comerciante, um mendigo, um marujo, um poeta, um padre [...] são tão consideráveis como as que há entre o lobo, o leão, o asno, o corvo, o tubarão, o lobo-marinho, a ovelha etc.[23]

Balzac, então, insere a própria obra dentro de um campo que já não é mais só literário, mas que pode ser de certa forma científico também. Ele está enfatizando as semelhanças entre o cientista e o poeta; entre a ciência e a literatura. É assim que ele escreve em *A pele de onagro*:

> Vocês alguma vez já se lançaram na imensidão do espaço e do tempo ao lerem as obras geológicas de Cuvier? Arrebatados por seu gênio, pairaram sobre o abismo sem limites do passado, como suspensos pela mão de um mágico? A alma, ao descobrir de corte em corte, de camada em camada, sob as pedreiras de Montmartre ou nos xistos dos Urais, esses animais cujos restos fossilizados pertencem a civilizações antediluvianas, assusta-se de entrever bilhões de anos, milhões de povos que a frágil memória humana, que a indestrutível tradição divina esqueceram, e cujas cinzas, acumuladas na superfície do nosso globo, formam meio metro de terra que nos dão o pão e as flores. Não é Cuvier o maior poeta do nosso século? Lorde Byron reproduziu bem, em palavras, algumas agitações morais; mas nosso imortal naturalista reconstruiu mundos com ossos esbranquiçados, reconstruiu, como Cadmo, cidades a partir de dentes, repovoou milhares de florestas e os mistérios da zoologia com alguns fragmentos de hulha, redescobriu populações de gigantes nos pés de um mamute. Essas figuras erguem-se, crescem e povoam regiões, em harmonia com suas estaturas colossais. Ele é poeta com números, ele é sublime ao pôr um zero ao lado de um sete. Dá vida ao nada sem pronunciar palavras artificialmente mágicas, escava uma pedra de gesso, percebe ali uma marca, e nos diz: "Vejam!". De repente, os mármores se animalizam, a morte se vivifica, o mundo se desenrola![24]

No mesmo livro, Balzac chama Cuvier de "poeta dos mundos perdidos".

Pedro Paulo Pimenta, em seu livro *A trama da natureza* (Unesp), diz que, se aplicássemos um epíteto como esse a Darwin, teríamos que chamá-lo de "poeta das *formas* perdidas". Porque, se Cuvier mergulhou o homem no abismo dos tempos, Darwin mostrou ao homem que a sua forma atual é apenas efeito do tempo e seguirá sofrendo esses efeitos enquanto a espécie humana existir.[25]

PPP: Uma das vantagens que Darwin tem sobre os Cuvier e Lamarck é que ele é um naturalista bem mais completo. A formação dele é mais ampla, ele estudou mais coisas, tinha formação em geologia, botânica, zoologia etc. Em Darwin, existe uma concepção que já é mais do século 19 — não foi ele que inventou isso, parece ter sido Humboldt — de que você tem que ir a campo para estudar. O que é diferente. Cuvier recebia os fósseis que lhe eram enviados de outras partes do mundo, mas ele trabalhava em um gabinete em Paris. Lamarck, que realizou o estudo dos vermes, tem um conhecimento dos vermes da Europa. Os animais dos quais eles falam são bichos europeus e africanos, essencialmente.

O que Darwin vai fazer é viajar. Daí a importância da viagem do *Beagle*. Mas, se ele não tivesse estudado antes, nunca teria feito nada com essa viagem, porque um monte de europeus fazia viagens já nessa época, mas sem ter as teorias.

Então voltamos, finalmente, para reencontrar Darwin. Ele ainda está a bordo do *Beagle*. Vamos embarcar com ele mais um pouco — afinal, ele passou quase cinco anos de sua vida dentro daquele navio. É agosto de 1832, e Darwin está fazendo expedições pela Argentina e por Montevidéu, no Uruguai, e descobrindo muitas coisas. Coisas como os restos mortais de um bicho-preguiça do tamanho de um rinoceronte, ou de criaturas que mais pareciam dragões com carapaças e caudas espessas.

Um dia, quando estava explorando uma caverna, descobriu as ossadas de alguns tatus imensos. O que tinha de diferente nesses fósseis era que, estranhamente, eles eram bem parecidos com tatus menores que ainda podiam ser encontrados naquela região. De alguma forma, parecia que aquelas espécies do passado e do presente estavam relacionadas. Mas como?

* MINICAPÍTULO *

Um nó geológico

Um minicapítulo sobre a relação entre os fósseis e o umbigo de Adão

Philip Henry Gosse nasceu na Inglaterra em 1810, o ano seguinte ao nascimento de Darwin. Era um homem pequeno e com olheiras profundas, que sofreu muito por causa de duas paixões que teve e que buscou satisfazer com igual fervor: a paixão pela Bíblia e pelas ciências naturais. Escreveu um livro imenso chamado *Omphalos*, "umbigo" em grego; e seu subtítulo é: *Uma tentativa de desatar o nó geológico.*

O "nó geológico" tem a ver com o registro fóssil — essas "fatias do passado" que os naturalistas encontravam soterradas.

Afinal, o que é um fóssil? Como eles se formam? As respostas a essas perguntas demoraram a aparecer, e no século 19 foram diversas as discussões sobre o tema e as justificativas apresentadas. Hoje, temos uma explicação relativamente sólida para a formação dos fósseis: eles são plantas ou animais que resistiram ao tempo, preservados dentro de algum tipo de sedimento ou areia. Os tecidos moles desse organismo se desfazem, como os músculos, a pele, os órgãos e as vísceras, no caso dos bichos; mas as partes mais crocantes — os ossos e dentes — permanecem. Então o que segue é um processo muito lento, em que a água do solo vai se infiltrando nesses ossos e dentes, fazendo com que eles se mineralizem. Quando dizemos que é *um processo muito lento*, queremos dizer *realmente muito lento*: são centenas de milhares de anos, pelo menos. Mas existem exemplares que têm ainda muito mais tempo. Os do tiranossauro rex encontrados na América do Norte têm cerca de 66 milhões de anos.

Os fósseis foram um problema científico da maior grandeza até meados do século 19: para explicá-los cientificamente, era preciso primeiro comprovar que a Terra era muito mais velha do que se supunha até então. Se o planeta tivesse alguns poucos milhares de anos, como dizia a Bíblia, não haveria tempo suficiente para um fóssil se formar. E era esse o nó geológico. Havia uma disputa entre diferentes hipóteses, diferentes formas de entender a natureza e, de quebra, o sobrenatural.

Chegamos assim a Philip Henry Gosse e seu livro dos umbigos. Gosse pertencia a uma linhagem de cristianismo puritano extremamente rígida, e ele tinha certeza de que entendia exatamente quais eram as intenções e ações de Deus. Fosse em questão de ciência ou de religião, ele era incapaz de dizer "eu não sei". E sofria, porque tinha uma necessidade pessoal de resolver esse paradoxo: por um lado, as descobertas dos geólogos e de outros naturalistas eram plenamente convincentes, pareciam ser verdade; mas, por outro, os textos sagrados *eram a verdade*, e eles diziam que os céus e a Terra foram criados em seis dias literais, feitos cada um de 24 horas. Todas as formas que existem na Terra hoje teriam sido criadas nesse curto período de tempo. Como permitir essas duas verdades, duas explicações para o mundo material, quando uma anula a outra?

Seu filho único, Edmund Gosse, publicou em 1907 um livro chamado *Father and Son: a Study of Two Temperaments* [Pai e filho: um estudo de dois temperamentos], em que narra essas circunstâncias que fizeram parte da sua infância. Ele diz que aquilo que angustiava seu pai não era um paradoxo — era uma falácia. Mas o pai era incapaz de perceber. Ele podia ser um excelente observador, um compilador de fatos sem igual; mas seu modo de pensar era completamente lógico, uma linha reta (é assim que seu filho o descreve).[26] Ele não tinha era amplidão mental, imaginação: era um pensador estreito, inflexível, literalista. Um cabeça-dura, para dizer de um jeito simples.

A maior questão da vida de Philip Henry Gosse foi tentar dar um jeito de casar as descobertas científicas de vanguarda com sua leitura da Bíblia. E, acompanhando o debate sobre fósseis e a idade do planeta, tentando respondê-lo de maneira a equilibrar as duas correntes contraditórias que guiavam a sua vida, ele encontrou uma resposta que pareceu resolver a questão de uma vez por todas.

Os fósseis existem porque Adão tem umbigo.

Talvez você já tenha visto como, em pinturas antigas, é comum que Adão e Eva sejam representados com uma folha no meio das pernas para evitar qualquer exposição indecente. E muitos pintores exageravam na folhagem para que ela cobrisse também os umbigos de Adão e Eva. A lógica era: se Adão não foi parido, não teve mãe, ele não teria por que ter um umbigo; mas, se ele é o protótipo de todo homem, não faria sentido que Deus o tivesse criado exatamente com a mesma aparência que os homens que viriam depois? Ou seja, não faria sentido que Deus colocasse um umbigo na barriga de Adão para lhe dar uma aparência de naturalidade, de ser um humano por completo, com as marcas de uma história pregressa, de alguém que esteve dentro de um útero?

Tomando isso como modelo para olhar a Terra, Philip Henry Gosse disse que os fósseis foram plantados por Deus para dar ao planeta uma *aparência* de antigo. Os estratos geológicos e os fósseis realmente pareciam representar um passado muito mais amplo do que seria possível conciliar com o passado bíblico; mas, segundo Gosse, Deus teria criado essas camadas geológicas e fósseis para conferir um passado ilusório à Terra, assim como teria feito com Adão.

Com essa explicação, Gosse poderia fazer as suas excursões geológicas, estudar os fósseis sem ofender seu comprometimento com a palavra divina. Ele só não percebeu que, ao se dar por satisfeito com essa explicação, dedicaria a sua vida a justificar uma espécie de pegadinha de Deus.

De certa forma, o livro de Gosse é um espelho deformado de

A origem das espécies, de Darwin: os dois são obras monumentais pela imensa quantidade de exemplos do mundo natural que trazem para corroborar uma teoria. No livro de Gosse, pululam tubarões, hipopótamos, dentes, ossos, vísceras e órgãos. Mas, ao contrário do livro de Darwin, lançado dois anos depois e esgotado assim que saiu, *Omphalos*, ao ser publicado, foi ignorado. Os poucos que o leram logo apontaram um problema grave: quando levada a cabo, a teoria de Gosse acaba dizendo que Deus é mau-caráter, um charlatão disposto a enganar os homens apenas para dar uma determinada aparência para a Terra, e não outra. Um amigo seu, o escritor e reverendo Charles Kingsley, foi franco ao dizer: "Não é meu raciocínio lógico, mas sim meu bom senso que se revolta [com seu livro]. [...] Não posso [...] crer que Deus teria escrito nas pedras uma enorme e supérflua mentira para toda a humanidade".[27]

Philip Henry Gosse morreu amargo e pobre. Sua carreira afundou depois da publicação. A teoria de *Omphalos* virou piada. Mas ela é tão inusitada que, bem mais tarde, serviu como inspiração para um conto de Jorge Luis Borges, "A criação e P.H. Gosse" — que elogia, no fim das contas, a "elegância um pouco monstruosa" da hipótese —, e para dois ensaios de grandes cientistas e divulgadores da ciência, Stephen Jay Gould e Martin Gardner.[28] O que ambos comentam, em parte com humor, em parte verdadeiramente estupefatos, é que essa é uma teoria bizarra, de fato, mas como provar que não está correta? Ela é impossível de ser posta à prova e avaliada empiricamente. É impossível de ser contradita. E é por isso que ela não é científica; é *outra coisa*. Pertence a outra ordem de pensamento, semelhante à que envolve a pergunta que o filósofo Bertrand Russell faria no século 20 e que Borges retomaria em seu conto: será que a humanidade toda não foi criada apenas há poucos minutos, dotada de uma falsa recordação de um passado ilusório?

3

CAPÍTULO

* 3 *

Cambaxirras, bicudos, papa-figos e tentilhões

As ilhas, os cadernos,
os museus e os romances

O acaso é o maior romancista do mundo; para ser fecundo, basta estudá-lo.

HONORÉ DE BALZAC, *A COMÉDIA HUMANA*

Tempo e lugar importam. Durante a viagem no *Beagle*, Darwin olhava para os fósseis na América do Sul e notava que eles eram parecidos com as espécies vivas daquela mesma região. Ele via os fósseis do passado e, em paralelo, olhava para o presente ao seu redor. Pensava no tempo em que aquelas criaturas estiveram lá — e no porquê de estarem justamente lá. Darwin começou a cruzar o fator temporal com o espacial: *tempo e lugar importam.*

Os novos campos do pensamento científico da época, como a paleontologia ou a geologia, provocaram uma mudança grande nas ciências naturais: elas deixaram de ser tão descritivas e passaram a ser, aos poucos, *narrativas*. Isso, também, porque o elemento *tempo* — e as mudanças provocadas por ele — foi inserido na equação.

E isso faz toda a diferença para nós, que estamos na intersecção entre a ciência e a literatura. Chegamos, assim, num ponto fundamental: o que aconteceu foi uma mudança de gênero literário — uma mudança de modelo de pensamento. No século 19, as percepções dos cientistas passaram a ter uma concordância subterrânea com os procedimentos dos romancistas.

Vamos montar, a partir de agora, passo a passo, como foi para Darwin chegar a uma teoria complexa, que descreve de que maneira todas as espécies do mundo descendem de um ancestral em comum. Iremos investigar a concepção dessa teoria da seleção natural — abrir os primeiros cadernos de anotações de Darwin e observar como seu pensamento se formou. Foi uma construção que precisou de muitas peças, que não se tornou teoria de uma hora para outra. Darwin definitivamente não é um cientista do tipo "Eureca!".

Para atravessar tudo isso, precisamos da viagem que Darwin fez ao redor do mundo que foi tema do primeiro capítulo; precisamos da geologia e da paleontologia, temas do segundo capítulo. E, para este terceiro capítulo, vamos precisar de ilhas, de museus e da ficção.

* * *

É um lugar-comum dizer que há gênios desperdiçados pela injustiça do mundo: que poderia existir um Einstein que nunca teve acesso à educação nos lugares mais pobres do planeta; um Mozart que jamais teria dinheiro para pagar as primeiras aulas de música. O caso de Darwin é praticamente o contrário disso: ele era o gênio nas condições ideais. Vinha de uma família que não só era rica, mas também culta, interessada e envolvida nas questões da ciência e da arte; ele teve a melhor das educações em Cambridge, com professores e colegas que gostavam genuinamente dele; teve o privilégio de poder bancar quase cinco anos a bordo de um navio, dando a volta ao mundo, sem precisar se preocupar com pagar as próprias contas.

Nós reencontramos agora Charles Darwin, que tinha ficado esperando por um tempo. Ele está com 28 anos, e, finalmente, aporta na Inglaterra: o *Beagle* volta para casa, depois de quatro anos e nove meses. Ao chegar em terra firme, Darwin tomou uma carruagem em direção ao norte, à casa de sua família — porque não queria esperar o tempo até a saída do próximo trem. No caminho, perguntou aos outros passageiros se a grama não estaria mais verde do que de costume.[1] Ninguém disse nada. Em casa, depois de tanto tempo longe, depois de 48 horas na carruagem, Darwin foi direto para a cama: era muito tarde, e ele não queria acordar o pai e as irmãs. Foi só na manhã seguinte que ele se levantou e reencontrou a família. Estava de volta, são e salvo, mas "muito magrinho", como disse uma das irmãs.[2]

Enquanto esteve longe, Darwin criou um nome para si mesmo no meio científico. As cartas e os espécimes que havia enviado ao longo da viagem para seu antigo professor de Cambridge, John Henslow, haviam se tornado parte da discussão pública. Eram cartas muito interessantes, relatos em primeira mão de tantos fenômenos sobre os quais os europeus só podiam especular — ou nem isso: o terremoto que ele viu no Chile, que elevou a costa à sua frente; os tuco-tucos, cegos, movendo-se debaixo da terra; os felinos selvagens das florestas brasileiras; os recifes de corais, que o fariam pensar nas origens da vida; as árvores petrificadas no topo de uma montanha andina; os ornitorrincos paradoxais da Austrália;[3] os povos indígenas da Terra do Fogo, em relação aos quais Darwin disse se sentir menos aparentado do que com um macaco.

Darwin embarcou como recém-formado que ainda não sabia muito bem o que queria da vida; quando voltou, já era um cientista reconhecido pelo trabalho meticuloso de coleta de espécimes e pelos relatos detalhados que fazia de tudo o que encontrava. Charles Lyell, o geólogo, ficou muito contente quando o jovem cientista voltou à Inglaterra. Os dois ainda não se conheciam, mas logo viraram amigos. Darwin foi o primeiro a empregar efetivamente os princípios de Lyell: era seu discípulo mais verdadeiro. Em uma das tantas cartas que trocaram pouco depois da chegada de Darwin, Lyell o aconselha sobre sua entrada na comunidade científica: "Se puder evitar, não aceite nenhuma posição científica oficial. E não vá contar para ninguém que eu dei esse conselho, porque eles vão todos me acusar de ser um pregador de princípios antipatrióticos".[4]

Através de Lyell, Darwin foi sendo apresentado à grande rede de cientistas ingleses. Mas ele seguiria o conselho do amigo mais velho: nunca assumiria nenhum cargo como cientista profissional, fosse na universidade, fosse nos novos museus que estavam sendo criados. Até porque ele realmente não precisava se preocupar com ter ou não um salário. Assim, fora das instituições, Darwin foi criando uma rede de pesquisadores que trabalhariam junto com ele, trocando informações, opiniões e ocasionais favores — ele se corresponderia com gente de todo canto do mundo. Falaria sobre gatos ateus, sobre a corrida do ouro australiana, sobre uma garrafa vazia de cerveja de gengibre no meio de um pombal, sobre elefantes bêbados.[5] Chegariam cartas da Índia, da Jamaica, da Austrália, da China e do Havaí; chegaria até uma carta da Malásia, sobre conclusões tiradas após um delírio de febre.

Este é o começo da história da segunda aventura de Darwin, que é mais longa do que a primeira. Ele passou quase cinco anos no *Beagle*, conhecendo o mundo. Mas, quando voltou à Inglaterra, nunca mais saiu de lá: tinha início uma nova aventura, que não precisou do deslocamento físico para acontecer, e que duraria vinte anos. A aventura de conceber, desenvolver e amadurecer uma ideia; a aventura de escrever um grande livro.

* * *

Na década de 1830, Darwin era um jovem que voltava para casa e se inseria no mundo científico inglês. Além de preparar o diário que escreveu no *Beagle* para publicação, ele pensava no que faria com tudo o que tinha acumulado no navio. Enquanto estava a bordo, sua preocupação era principalmente observar, descrever, recolher amostras, muitas vezes com um martelinho à mão para caçar animais que, em sua inocência, nem sequer tinham medo dos seres humanos. Agora, de volta, Darwin tinha que analisar e comparar, ver como poderia trabalhar com tudo aquilo. Eram pedras, fósseis, animais dissecados, corais, peixes, répteis, crustáceos, mamíferos, pássaros e tantas anotações, tantas memórias. É aí que entra a rede de naturalistas que Darwin foi conhecendo: ele distribuiu os seus espécimes e encomendou análises. Para uns, entregou, por exemplo, a coleção de besouros que havia recolhido pelos diferentes países e ilhas por onde passou; para outros, entregou os moluscos — e com esses espécimes foi possível identificar que, sim: os moluscos têm pâncreas; os fósseis foram entregues a Richard Owen, o cientista que inventou a palavra "dinossauro".

Quem recebeu as amostras de aves coletadas durante a viagem foi um ornitólogo chamado John Gould. E aqui vai ser preciso se deter um pouco mais.

Entre as aves, estavam todos os pássaros que Darwin tinha recolhido em Galápagos — aquele conjunto de ilhas que fica a quase mil quilômetros de distância da costa oeste da América do Sul e é atravessado pela linha do equador. Oficialmente, ele se chama Arquipélago de Colón, e é conhecido como Galápagos porque em espanhol a palavra *galápago* quer dizer sela, e as carapaças das tartarugas foram associadas a selas pelos espanhóis no século 16. Hoje, é um arquipélago bastante conhecido e normalmente associado ao próprio Darwin — suas tartarugas-gigantes e seus pássa-

RICHARD OWEN

Richard Owen teve um papel importante na história da paleontologia. Embora não mantivesse uma boa relação com seus contemporâneos (muitos o viam como um homem teimoso, arrogante e invejoso, e ele chegou a ser acusado de não dar o devido crédito a outros colegas em seus trabalhos), foi um brilhante anatomista que compreendeu e desvendou muitos dos mistérios que cercavam os fósseis.

A partir da observação de características similares em um conjunto de fósseis encontrados na Inglaterra, ele concluiu que esses animais pertenciam a um novo grupo de répteis. Em 1842, nomeou como *Dinosauria* esse novo grupo de "lagartos terríveis".

Owen lamentava que, em uma época em que livros como *A origem das espécies* despertavam tanto interesse e controvérsia, boa parte do acervo de história natural do Museu Britânico não estivesse disponível ao público. De seu empenho para que esse acervo fosse reunido em um local à parte, nasceu o Museu de História Natural de Londres. Owen foi o primeiro superintendente do museu, cargo que ocupou até sua aposentadoria.

Richard Owen, em caricatura de Frederick Waddy (1873)

ros com bicos inusitados foram a chave para a teoria da seleção natural. Mas, quando estava lá, Darwin nem sequer imaginava que um dia iria estudá-los com tanto afinco.

Ele se divertiu importunando as tartarugas-gigantes, equilibrando-se em seus cascos, brincando de surpreendê-las para que elas recolhessem a cabeça e as pernas e soltassem um chiado de medo.[6] Chegou a pegar um bebê tartaruga para levar para a Europa.

> Eu sempre me divertia ultrapassando um desses grandes monstros enquanto ele caminhava silenciosamente, para ver como, de repente, no instante em que eu passava por ele, ele iria recolher sua cabeça e pernas, e, emitindo um chiado profundo, cairia no chão com um som pesado, como se estivesse morto. Com frequência, eu subia nas suas costas e então, dando algumas batidas na parte de trás do casco, eles se levantavam e começavam a andar — mas eu achava muito difícil manter o equilíbrio.[7]

Ele recolheu amostras de um tipo de pássaro que viu em cada uma das ilhas. Mas, como esses pássaros tinham bicos de formas e de tamanhos diferentes uns dos outros, dependendo da ilha em que estavam, Darwin entendeu que cada um deles pertencia a uma espécie: cambaxirras, bicudos, papa-figos, tentilhões. Ele não se preocupou em classificar de qual ilha cada espécie procedia, porque, naquele momento, Darwin ainda era um criacionista, e não um... darwinista. Ou seja, ele olhava para aqueles pássaros e tendia a acreditar que cada espécie tinha sido criada *para* cada uma das ilhas Galápagos.

Só que, mais tarde, quando já estava de volta à Inglaterra e havia entregado esses pássaros para John Gould, Darwin aos poucos foi percebendo o quanto teria sido fundamental ter catalogado a origem específica de cada espécime. Ele teve que tentar fazer isso de memória, e chegou até a escrever para o capitão FitzRoy perguntando se ele tinha coletado algum daqueles pássaros e se tinha registrado a qual ilha pertencia.[8]

E por que exatamente era importante saber de qual ilha vinha cada pássaro? Porque a análise de John Gould mostrou que aquelas cambaxirras e aqueles bicudos e papa-figos, de bicos grandes e bicos pequenos, bicos afiados e bicos não afiados, não eram tão diferentes assim uns dos outros. Na verdade, eram todos membros de um mesmo subgrupo de aves — os tentilhões. Eles tinham diferenças, mas ao mesmo tempo tinham também muitas semelhanças; tinham um parentesco íntimo. E, à medida que foi sendo possível identificar de qual ilha vinha cada amostra, John Gould verificou uma coisa estranha, curiosa: cada uma das variações dentro da espécie, com seus diferentes bicos, habitava uma ilha diferente. Ou seja: exatamente uma variação por ilha. E todas essas variações eram novas, desconhecidas até então.

Havia algo muito revelador aí. Darwin — que, durante a viagem, tinha se feito muitas perguntas, sem a necessidade de responder imediatamente nenhuma delas —, quando estava em Galápagos, até chegou a se perguntar: *não é estranho que esses tipos de aves diferentes e ao mesmo tempo aparentados vivam separadamente em ilhas que são tão próximas*? Ele escreveu em um caderno, quase como um sussurro para si mesmo e para mais ninguém: "Se existe um mínimo fundamento para essas observações, valerá a pena examinar a zoologia dos arquipélagos, pois tais fatos solapariam a estabilidade das espécies".[9]

Essa pequena intuição cresceu e se transformou em algo muito maior quando Darwin descobriu as diferenças e as semelhanças entre aquelas treze variações de espécies de tentilhões. Janet Browne, grande biógrafa de Darwin, em seu livro *Charles Darwin: Voyaging*

Tentilhões de Galápagos. Ilustração para A viagem do *Beagle, de Charles Darwin, 1845*

[Charles Darwin: viajando], diz que esse momento, mais do que qualquer outro na vida de Darwin, merece ser chamado de *turning point*, um ponto de virada.[10] Foi a partir daí que ele entendeu que as espécies se transformam. Porque, a partir do que percebeu que acontecia num microcosmo, uma ilha, pôde pensar no que acontece em ambientes maiores, em continentes. E entendeu que, para que os pássaros fossem da mesma espécie e, ao mesmo tempo, tivessem diferenças em seus bicos, todos deveriam ter vindo de um mesmo ancestral. Um mesmo tentilhão, que foi parar no arquipélago de Galápagos por algum acaso, e cujos descendentes foram aos poucos, com o tempo, se espalhando pelas ilhas. Descendentes com pequenas variações entre si — bicos um pouco maiores ou um pouco menores, asas um pouco mais compridas ou mais curtas, assim como alguém tem a orelha maior do que a de outra pessoa, ou os braços mais compridos. E, à medida que os anos foram passando, que *muitos* anos foram passando, milhares e milhares, e as inúmeras gerações de tentilhões foram se sucedendo umas às outras, cada grupo na sua ilha, os pássaros foram privilegiando as características que melhor se adaptavam às condições específicas de cada ilha: o solo, os predadores, os alimentos... Um grupo, em uma ilha, ficou com o bico maior, porque isso dava uma vantagem na hora de quebrar castanhas e sementes; outro grupo, em outra ilha, ficou com o bico mais fino, porque assim conseguia apanhar mais insetos.

As ilhas são áreas bem delimitadas, isoladas de todo o resto do mundo, cercadas de oceano por todos os lados. São um ecossistema simplificado, já que não têm muito para onde se expandir. Elas têm espécies exóticas, particulares e às vezes até caricatas em relação aos seus primos do continente. Espécies que só existem nas ilhas:

- Espécies como o camaleão de menos de três centímetros de Madagascar (o menor do planeta)
- O lagarto gigante, chamado de dragão-de-komodo, da Indonésia
- A ave-do-paraíso-de-rabo-de-fita da Nova Guiné
- A tartaruga-gigante da minúscula ilha de coral Aldabra, no oceano Índico
- A lacrainha gigante de Santa Helena
- O rinoceronte pigmeu de Java
- Os nectarívoros do Havaí
- O diabo-da-tasmânia
- A cascavel sem guizos de Santa Catalina
- A tuatara da Nova Zelândia
- O extinto dodô das ilhas Maurício.[11]

*O dodô (*Raphus cucullatus*) era um pássaro endêmico das ilhas Maurício.*
Por Frederick William Frohawk (1861-1946)

As ilhas têm também uma quantidade menor de espécies do que os continentes, e uma quantidade menor de relações entre as espécies, assim como uma quantidade maior de casos de extinção de espécies. Por causa disso, elas acabaram sendo, para Darwin e para outros que pensaram e pensam sobre a transformação das espécies, como que uma lente de aumento. Uma miniatura do mundo, um laboratório onde é possível observar, em pequena escala, coisas que acontecem em grande escala no continente.

Em espaços mais amplos do que as ilhas, e para espécies com mais tempo para se adaptar de acordo com as exigências e as condições de onde estão, não serão só os bicos que se transformarão. Tendo tempo suficiente, *tudo* se transforma. Mas isso não é evidente — porque tais transformações não são perceptíveis no intervalo de uma vida. Isso não foi evidente para Darwin. Foi preciso muito pensamento, muita análise, muito tempo dissecando cracas chilenas, muitos cruzamentos de pombos, trocas de cartas com horticultores, com criadores de animais, com zoólogos e geólogos...

E muitos experimentos. Para responder às perguntas que tinha em mente, Darwin precisava testar coisas na prática. Se todas as espécies vieram de um mesmo lugar, como é que existe vida, hoje, espalhada por todos os lugares? Como as ilhas foram povoadas? O arquipélago de Galápagos, cheio de criaturas fantásticas, fica a mais de oitocentos quilômetros da costa do continente; são ilhas vulcânicas, razoavelmente recentes. Se Darwin pensasse que a vida simplesmente brota de qualquer lugar, já com suas formas infinitamente variadas, a conclusão seria: existe lagarto em Galápagos porque brotou lagarto em Galápagos. Mas Darwin agora pensava numa origem em comum para todos os seres vivos.

Então vamos dar um salto no tempo para conhecer alguns desses experimentos de Darwin. Agora, ele saiu da casa do pai e mora numa casa própria, no campo. É casado, tem filhos e não reclama mais do enjoo que sentia no navio — porque vai passar o resto da vida sentindo enjoo, sobre terra firme mesmo. Além de vômitos frequentes, ele ainda sofria de dores de cabeça, tremores, fadiga, tonturas e desmaios. Quando os sintomas se agravavam, recorria, sobretudo, a tratamentos hidroterápicos. Há quem acredite que muitas dessas crises deviam-se a fatores psicológicos ou psicossomáticos; outros acham que ele talvez sofresse de alguma doença nunca diagnosticada. Há ainda a teoria de que Darwin tivesse contraído a doença de Chagas quando esteve no Brasil e nunca teria sabido disso, porque a doença só seria descoberta no século 20. Alguns, entretanto, dizem que essa hipótese não passa de uma tentativa estranha de os brasileiros se inserirem na história europeia das ciências.[12]

UNIÃO CONSANGUÍNEA

Charles Darwin e sua esposa, Emma Wedgwood, eram primos de primeiro grau. Os casamentos entre primos eram chamados de *blood marriages*, casamentos de sangue, e eram comuns em famílias ricas, como uma forma de manter o patrimônio hereditário dentro da linhagem. No caso da união dos Darwin-Wedgwood, pelo menos cinco dos 25 casamentos da árvore genealógica foram entre primos. A informação é de um estudo de 2010, feito pela Ohio State University,[13] que analisou a união dessas famílias e o quão prejudicial a endogamia — união consanguínea — poderia ser. É curioso pensar nessa história, considerando que Darwin só pôde chegar à ideia da seleção natural estudando, justamente, a hereditariedade, as modificações que acontecem de geração em geração. Ele percebeu que as plantas mais aptas e mais vigorosas eram as que tinham fertilização cruzada, ou seja, que não eram autofertilizadas, e essa descoberta fez com que temesse pela saúde dos próprios filhos e até pela sua, já que os seus avós maternos também eram primos. Darwin, como sabemos, foi um homem muito doente, e, dos dez filhos que ele e Emma tiveram, três morreram ainda crianças e outros três não conseguiram ter filhos.

O estudo de Ohio elaborou um "coeficiente de endogamia", que reflete a proporção de genes idênticos aos dos pais que são herdados pelos filhos. Quanto maior o coeficiente, maior a probabilidade de que crianças herdem genes defeituosos de seus pais. No caso dos filhos do Darwin, 6,3% dos genes herdados eram idênticos. Ao longo da vida, Darwin foi ficando tão preocupado com a questão da consanguinidade que, já mais velho, até fez um lobby para que adicionassem perguntas sobre casamento entre primos de primeiro grau no formulário do censo nacional. Mas não teve sucesso na campanha.

Enfim, Darwin estava em casa, criando filhos e pensando na origem das espécies. E, por mais de um ano, ele revirou o jardim da sua casa perguntando-se sobre a vida nas ilhas — e fazendo experimentos para reproduzir, ali, no meio da Inglaterra, na casa de tijolinhos onde agora vivia com a mulher, Emma, e seus filhos, as condições de algumas das ilhas que tinha visitado aos vinte e poucos anos.

Um pedaço de terra desolada. Uma ilha vulcânica. Como é possível que um dia ela passe, sozinha, a ter vida? A vida precisa ir até ela. O vento começa a bater. Se houver plantas nas redondezas, se for o momento certo do ano, esse mesmo vento pode carregar sementes. Se mais forças do acaso colaborarem, as sementes podem cair na ilha e alguma planta talvez brote. Os bichos que voam também conseguem chegar até lá. Todo lugar tem barata — é por isso que um dos gêneros de barata tem o nome científico de *Periplaneta*, "pelo planeta todo". Com tempo e sorte, a terra começa a ser povoada. Com mais tempo e mais forças do acaso, essa população começa a variar.

Mas como mostrar, de fato, que um arquipélago tão distante do continente quanto Galápagos pode ter uma fauna e uma flora tão ricas? E povoado, inclusive, por seres enraizados, como árvores? Como uma árvore atravessa o oceano?

No jardim de sua casa, Darwin mergulhou sementes em tanques de água salgada e deixou-as lá por dias, semanas. Renovava a água de dois em dois dias por causa do cheiro insuportável que começava a subir dos tanques e do limo que elas começavam a soltar. Foi um trabalho intenso. Depois de algum tempo, tirava as sementes, deixava-as secar e, então, tentava plantá-las na terra. As sementes de cevada germinaram mesmo depois de quatro semanas de imersão. As de agrião resistiram a seis. Ele fez as contas: a corrente oceânica pode correr a 1,6 quilômetro por hora. Em seis semanas, uma semente poderia ser carregada por mais de 1 600 quilômetros. A possibilidade de vida vegetal nas ilhas já se desenhava.[14]

E quanto aos animais? Darwin prosseguiu com os experimentos: cortou dois pés de pato e os imergiu num outro tanque, onde havia ovos de caracóis. Chamou seus filhos, que tinham olhos melhores do que os seus, e que gostavam de participar dos experimentos do pai, para contarem a quantidade de ovos de caracóis que haviam se agarrado aos pés do pato. Então, tirou-os da água, esperou, e descobriu que esses ovinhos podiam sobreviver por até vinte horas fora da água. Durante vinte horas, um pato — um que ainda tivesse os dois pés — seria capaz de sobrevoar mais de mil quilômetros. Ou seja: os caramujos não brotam numa ilha. Eles vêm carregados. A teoria de Darwin prova que os bebês são mesmo trazidos pela cegonha.

E explica, de quebra, que o planeta todo funciona como um organismo. E que as coisas acontecem por acaso. As espécies estão o tempo todo interferindo no desenvolvimento umas das outras; algumas, bem mais que outras. Mas mesmo o ser humano surgiu como surgiu apenas por acaso.

* MINICAPÍTULO *

Syms Covington

Um minicapítulo sobre um menino que tocava violino

Quando Darwin voltou para casa, depois da viagem do *Beagle*, ele não voltou sozinho. Durante toda a viagem, e inclusive quando aportava e saía à caça de espécimes para coletar, esteve acompanhado por um criado — um menino que tinha entre 15 e 17 anos no início da viagem (não se sabe ao certo) e que se chamava Syms Covington. Darwin o descreveu como um tipo estranho. Disse, numa carta, sem nenhum constrangimento, que não gostava muito dele. Mas, em seguida, ponderou: talvez fosse justamente pela estranheza característica que ele se adequaria bem às funções que lhe eram confiadas.

Syms Covington era encarregado de caçar pássaros, lagartos e mamíferos, enquanto Darwin preferia se dedicar a animais pequenos e obscuros. Cabia a Covington, também, boa parte do trabalho maçante de catalogar e encaixotar os espécimes que seriam enviados para a Inglaterra, enquanto Darwin saía em suas expedições geológicas. Em certo ponto, Darwin chegou a abrir mão de caçar os animais, coisa que, até então, gostava de fazer. Mas tinha descoberto que preferia as rochas à matança, e por isso partia em suas investigações geológicas enquanto deixava o criado com a armadilha na mão.

A bordo do *Beagle*, além de auxiliar o jovem Darwin, Covington tocava violino e mantinha seu próprio diário de viagem — bem mais sucinto que o do patrão, mas com a vantagem de conter uma série de ilustrações feitas por ele mesmo dos lugares por onde passavam. Trazia, por exemplo, um desenho a lápis do porto do Rio de Janeiro, cidade onde as igrejas, segundo ele, eram tão ricamente ornamentadas na parte de dentro que mais pareciam castelos de fadas do que locais de culto.

Quando a viagem estava chegando ao fim, Darwin escreveu uma carta à sua família, pedindo ao pai sessenta libras por ano para contratar os serviços de Covington na Inglaterra: "Eu já o ensinei a atirar e a escalpelar os pássaros, então ele seria, para meus maiores objetivos, muito útil".[15] Depois de alguma negociação, na qual Darwin reduziu pela metade o valor de remuneração anual, Covington passou a ser seu criado pessoal, copista de seus textos e assistente geral em funções que iam desde catalogar e descrever espécimes até ajudar a fazer reparos na casa onde Darwin iria morar. Ele continuaria trabalhando para o cientista até decidir migrar para a Austrália, onde morou pelo resto da vida.

Retrato de Syms Covington, s.d.

Os dois continuariam se correspondendo por décadas: Covington enviou para Darwin caixas com espécimes nativos de cracas que ele mesmo tratou de coletar nas praias australianas. E Darwin lhe deu de presente uma corneta acústica quando soube que a surdez do antigo criado, presente desde muito cedo, tinha se agravado. Darwin escreveu a Covington: "Minha saúde anda muito mal, e jamais posso ter 24 horas de bem-estar. Eu me obrigo a tentar aguentar esse infortúnio incurável. Todos nós temos nossas tormentas, mas algumas são piores do que outras. A sua tormenta com a perda de audição é um fardo".

Em outra carta, uma das últimas que lhe escreveu, Darwin perguntou se por acaso a comida na Austrália seria tão cara como na Inglaterra.

* * *

Agora, vamos recuar um pouco no tempo. Vimos os experimentos de Darwin, quando ele já estava casado e com filhos, e agora voltamos ao período que sucede a sua volta de viagem, pouco depois do ponto de virada em que ele entende que as espécies não são imutáveis. Ele ainda morava em Londres, ainda não havia construído a própria casa em uma cidadezinha próxima. E estava tentando entender o que fazer com essa grande revelação que ele teve sobre a variabilidade das espécies. Por onde continuar a partir daí?

Ele pensava e pensava. Não só com a cabeça e com os olhos, mas com as mãos. Durante a viagem, escrevia diários de observação; depois, nos anos seguintes, encheu de anotações um monte de cadernos pequenos, que carregava para todo lado. Tudo virava matéria de escrita: aulas, reflexões, hipóteses, leituras... E, à medida que escrevia, ia descobrindo que a melhor maneira de desdobrar suas ideias era não ficar pensando demais nas frases antes de escrevê-las; era muito mais eficiente ir rabiscando várias páginas, com toda a velocidade de que era capaz, abreviando as palavras, e depois voltar e ajustar com cuidado. As frases escritas dessa forma, ele dizia, são sempre melhores do que as escritas com mais vagar já na primeira vez.[16]

Olhando fac-símiles desses cadernos, podemos ver bem como era a caligrafia de Darwin: uma escrita leve e rápida, especialmente difícil de entender — tanto que, até hoje, muitos estudiosos têm dificuldade de ler algumas cartas. Nos textos que ele escrevia para Vladimir Kovalevsky, o seu tradutor para o russo, fica nítido seu esforço para melhorar a própria caligrafia, para poder ser entendido.[17] É uma escrita que, em geral, é bem arejada, e deixa bastante espaço entre as palavras e entre cada uma das linhas. Tem algo encantador nessa letra toda espaçada: é como se ele sempre abrisse espaços enquanto pensava.

VLADIMIR KOVALEVSKY

O tradutor de *A origem das espécies* para o russo e sua esposa Sophia eram entusiastas da obra de Darwin — a teoria da seleção natural teve aceitação mais rápida na Rússia do que na Inglaterra. Vladimir Kovalevsky era paleontólogo e dedicava-se a estudos bastante pioneiros de paleontologia evolucionista, seguindo rigidamente os princípios darwinistas — outro motivo pelo qual Charles Darwin o tinha em alta estima. Já Sophia Kovalevskaya foi uma matemática de grande renome, considerada, ainda em vida, uma das principais cientistas russas do século 19, mas que, por ser mulher, quase não teve aceitação fácil nos meios científicos profissionais.

Em suas investigações sobre a paleontologia evolutiva, Vladimir cometeu alguns erros ao identificar a linha evolutiva dos cavalos, mas seu método de estudo e análise de fósseis era sofisticado e passível de ser corrigido. Darwin também cometeu um erro parecido quando tentou revelar a história do fóssil da macrauquênia, animal extinto nativo da América do Sul. Assim como Vladimir, Darwin supôs uma linha direta de evolução, quando o que havia de fato era uma evolução convergente (duas linhas de espécies que desenvolvem características similares em locais diferentes). "Grandes verdades podem emergir de pequenos erros", escreveu Stephen Jay Gould no artigo em que conta essa história.[18]

Macrauchenia patachonica

Darwin chegou a escrever três cadernos ao mesmo tempo, sem contar o diário, que corria paralelamente e que mais tarde, no fim da sua vida, serviria de base para sua autobiografia. Ele escrevia, depois voltava ao que já tinha escrito, escrevia por cima, e isso de novo e de novo, cada vez usando uma tinta de cor diferente. Foi compondo, assim, muitas camadas de escrita e de reescrita. Esses cadernos, cujos nomes são simplesmente letras do alfabeto, ficaram conhecidos como "cadernos da transmutação" — o termo usado na época para o que hoje chamamos de evolução. Todo o processo de pensamento e de composição da teoria está registrado lá; tanto que, até hoje, existem diversos escavadores desses textos, que vasculham as suas camadas de anotações como quem vasculha camadas geológicas a fim de entender a origem de uma ideia assim como Darwin queria entender a origem das espécies.

É possível traçar todos os caminhos que levaram Darwin, devagar, num amadurecimento contínuo, a elaborar a sua teoria da seleção natural. E lendo esses cadernos, assim como as tantas trocas de cartas que ele teve com tanta gente, podemos ver que as descobertas acontecem através de um trabalho ininterrupto — sem iluminações súbitas, sem uma conversão repentina de um pensamento obsoleto para um pensamento novo. É um processo longo e difícil, que aos poucos cria, naturalmente, uma transformação das perspectivas antigas.

Maria Isabel Landim: Uma das coisas mais preciosas de Darwin é que ele se tornou ao longo do tempo um grande objeto de história da ciência, porque ele escreveu muito, não só publicações. Existe um número enorme de publicações de Darwin, mas ele deixou também muitos registros, não publicados, mas que hoje estão disponíveis on-line — em sites com correspondências suas, com os manuscritos etc.

Maria Isabel Landim é bióloga especialista em peixes, professora no Museu de Zoologia da Universidade de São Paulo e curadora da coleção museográfica desse mesmo instituto — que possui a maior coleção entomológica de animais brasileiros do mundo. Landim é uma das grandes divulgadoras do pensamento de Darwin no Brasil hoje e também pesquisadora das relações entre os estudos dos naturalistas do século 19 e o desenvolvimento dos museus nessa época.

MIL: E esses manuscritos nos ajudam a compreender o processo de formação das ideias dele, que é um dos aspectos mais interessantes de seu trabalho. Então você vai ver o Darwin da década de 1830, o Darwin da década de 1850, e encontrar pensamentos, formas de ver diferentes.

> As pessoas falam frequentemente do evento maravilhoso da aparição do Homem intelectual — a aparição de insetos com outros sentidos é mais maravilhosa.[19]

Essa anotação está no *primeiro caderno*, o caderno B, que Darwin começou em 1837. No cabeçalho da primeira página, lê-se a palavra "zoonomia". Ainda quando estava em Cambridge, Darwin tinha lido o livro de mesmo título escrito por seu avô Erasmus. Mas, como ele mesmo confessou, essa primeira leitura não foi muito marcante: naquela época, afinal, ele ainda achava que as espécies eram fixas, e *Zoonomia* já falava sobre a evolução das espécies. Mas agora, de volta da longa viagem, Darwin era outro, e enxergava com outros olhos as coisas que seu antepassado tinha pensado. Ele roubou o título do livro do avô para amadurecer o que viria a ser, vinte anos depois, o seu próprio livro. E começou com perguntas parecidas com as de Erasmus, às vezes até as mesmas: por que até os homens têm mamilos? Por que a vida é tão curta? Por que os gêmeos são parecidos? À medida que enchia mais e mais cadernos, Darwin prosseguia com as perguntas, indo mais longe: "As ostras têm livre arbítrio?"; "As plantas têm uma ideia de causa e efeito?"; "As vespas raciocinam?".

> Por que o pensamento, se ele é uma secreção do cérebro, seria mais maravilhoso do que a gravidade, que é uma propriedade da matéria? Isso é a nossa arrogância, a nossa admiração por nós mesmos.[20]

> Estudar a metafísica como sempre se fez é, para mim, análogo a levantar questões de astronomia sem recorrer à mecânica. [...] A mente é uma função do corpo.[21]

> Aquele que compreendesse o babuíno faria mais metafísica do que Locke.[22]

> 8 de outubro. Jenny [o orangotango do zoológico de Londres] estava se divertindo arrancando a palha das espigas de milho com os dentes; e, exatamente como uma criança, sem saber o que fazer com elas, veio várias vezes, abriu a minha mão e pôs as espigas dentro dela — como uma criança.[23]

MIL: [Darwin] chegou a afirmar: é claro que os seres humanos vão medir todo mundo pelo atributo que é mais precioso para eles, que são as faculdades intelectuais.

Mas e se o juiz fosse a abelha? E se fosse dado à abelha julgar? Será que ela acharia que a faculdade intelectual desse primata é útil para fazer aquelas colmeias com favos perfeitos, hexagonais, ou danças para a comunicação e tudo o mais? Claro que não. Então, Darwin já via aí um viés antropocêntrico: se nós somos os juízes, nós vamos julgar que as nossas faculdades são as melhores.

Quanto mais Darwin pensava, anotava, lia e lembrava da diversidade que tinha visto durante a viagem, mais discordava do avô, que achava que a evolução tinha a ver com um progresso, um movimento linear de aprimoramento — e o homem estaria no topo da hierarquia. Mas Darwin entendia que a natureza não tinha uma vontade, uma direção clara: ela era regida pelo acaso, pelas circunstâncias, pelo ambiente.

Em pouco tempo, ele se deu conta de que, se queria entender a origem das espécies, precisava sair do centro — o ser humano já não podia mais ser a medida de todas as coisas. Era preciso organizar as espécies não como uma linha progressiva, em que uma supera a outra, mas como uma grande árvore, com suas muitas e muitas ramificações. Aliás, ele pensou numa árvore, mas logo se corrigiu: "A árvore da vida deveria talvez ser chamada de coral da vida, porque a base dos galhos está morta".[24] Diferente de uma árvore, em que conseguimos ver todos os galhos que originam outros galhos, e todos eles se mantêm simultaneamente vivos, no caso das espécies só as ramificações da ponta continuariam vivas, enquanto todo o resto, as bases, se tornariam passado.

Em uma página-chave do caderno, Darwin fez um desenho que mostra como funcionaria essa árvore, ou esse coral: de um ancestral comum, cresceriam novos ramos, e daí novas espécies. Alguns ramos são mais cheios do que outros, com mais galhos, e isso indica a evolução de muitas espécies diferentes. Mas outros terminam bruscamente, numa linha reta, e isso indica que a espécie foi extinta e que não tem mais nenhum desenvolvimento possível nessa direção.[25]

Acima do desenho, no topo da página, Darwin escreveu: "I think" — "eu acho".[26]

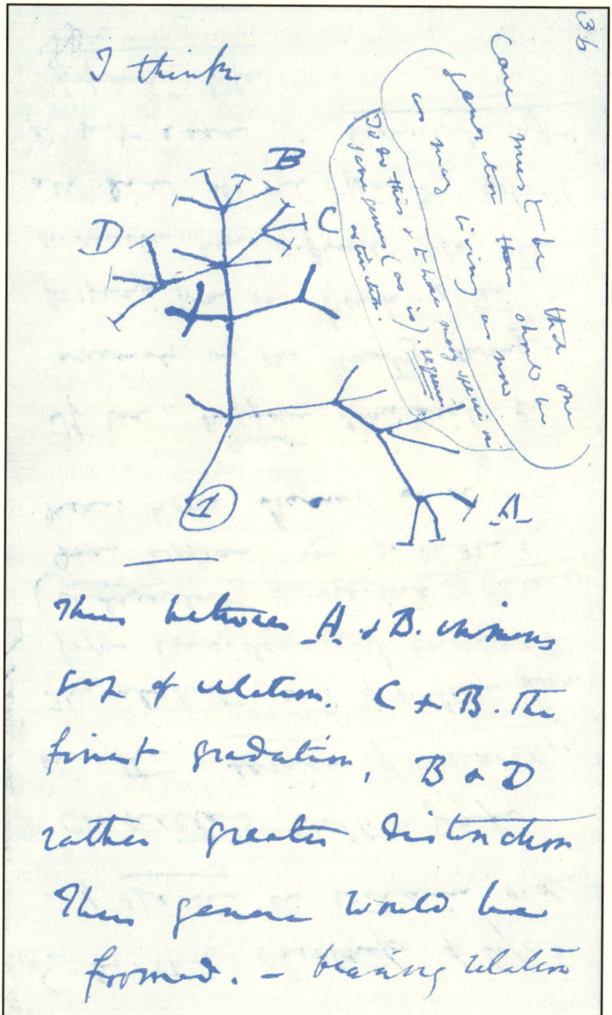

Esboço de Charles Darwin, primeiro diagrama de uma árvore evolutiva de seu primeiro caderno sobre a transmutação das espécies (1837)

É bonito ver, ainda na década de 1830, quando Darwin estava começando a pensar na sua teoria, esse "eu acho" escrito sobre um desenho que, bem mais tarde, seria reproduzido, com mais desenvolvimento e detalhe, em seu livro *A origem das espécies*, publicado só no fim da década de 1850. Já naquele caderno, com esse desenho rabiscado, Darwin tinha, sim, compreendido algo fundamental sobre a forma como as espécies evoluem — mas essa revelação não veio com um ponto de exclamação; e sim reticente: "Eu acho"... Ele estava pensando. E foi pensando, hesitante, sem ter certeza, sem saber muito bem para onde ia, experimentando, que ele chegou às grandes descobertas.

* * *

MIL: Se a gente for pensar a respeito da teoria da evolução, uma das coisas que chamam a atenção é: por que ela só ocorreu no século 19? A física tinha feito a revolução dela muito antes; por que a revolução justamente na área das ciências da vida foi acontecer no século 19?

Eu acho que uma das respostas para isso é: porque nós fazemos parte desse conjunto. E as pessoas tinham muita dificuldade, tinham um temor muito grande com relação às consequências de dizer claramente para o público: "Nós somos um animal como outro qualquer". Então havia isso, em parte. Mas tinha um outro lado: a grande aventura do conhecimento da história natural dependeu muito do acúmulo de exemplares das coleções que começaram no Renascimento. Até a Idade Média, não existia sequer meios de preservação de espécimes, e não havia interesse em preservar espécimes para que estudos comparativos fossem realizados. Para pensar na História Natural de Aristóteles, eu gosto muito de uma historiadora, a Paula Findlen, que fala que a história natural antes do Renascimento era quase um estilo literário — porque ela existia como literatura, e não como uma área de investigação. E o que se diz é que a ausência de coleções deixadas por Aristóteles talvez tenha impedido essa tradição de produção do conhecimento, já que as pessoas não podiam questionar o que ele tinha dito, porque não tinham os espécimes para comparar e dizer o que faz sentido e o que não faz. É um movimento que começa fortemente no Renascimento, com um acúmulo gigantesco de coleções no século 18 e a sistematização que Lineu vai produzir na sua grande obra, o *Systema Naturae*. E isso vai começar a dar uma ordem para olhar essa diversidade infinita que os europeus não imaginavam que existiria. Os naturalistas viajaram pelo globo e foram vendo a quantidade impressionante de formas diferentes.

A grande virada da vida de Darwin veio porque ele levou variedades novas para a Inglaterra, porque as compartilhou com outros naturalistas e porque recebeu de um colega uma análise de pássaros que ele tinha coletado num arquipélago no meio do oceano Pacífico. Compartilhar os achados das viagens, divulgar o que encontrou e dividir com os pares — isso tudo tem a ver com a transformação pela qual os museus passaram no século 19. A maneira como as coleções eram conservadas se transformou nessa época, porque havia mais recursos para a preservação, e também mais interesse em preservar. E o acesso a essas coleções também se ampliou. Os museus eram parte de um processo de democratização.

MIL: Quando você chega no século 19, você tem o privilégio da perspectiva de muitos estudos comparativos já realizados. Você tem a anatomia comparada como uma disciplina bem consolidada, você tem a paleontologia... Você tem lugares com acervos para olhar, estudar, examinar, questionar, e aos quais você pode voltar mais de uma vez. Então, nessa perspectiva, havia uma quantidade muito grande de dados para começar a inferir padrões.

É bom lembrar que estamos falando da Inglaterra do século 19. Nada disso é inocente. Os europeus que viajaram pelo mundo encontraram uma diversidade de espécies muito maior do que imaginavam existir, considerando o que já conheciam nos seus próprios países. (E, na verdade, as descobertas continuam até hoje: espécies seguem sendo identificadas constantemente. São mais de duas mil plantas novas catalogadas por ano.)[27] Mas, no contexto dessas viagens, esses navegantes não apenas exploravam o mundo para descobrir coisas novas: o século 19 é o século da expansão imperial inglesa. Investigar o mundo era também conquistá-lo. Na viagem do *Beagle*, a presença de Darwin e as suas descrições da natureza e dos animais na verdade eram algo lateral — associamos tanto o *Beagle* a Darwin que às vezes esquecemos que o objetivo dessa viagem não era levar um jovem gentleman para conhecer o mundo e elaborar uma teoria sobre a origem das espécies que iria revolucionar o pensamento. O *Beagle* tinha um objetivo político e comercial: era uma viagem promovida pelo governo para aprimorar a cartografia inglesa, com todas as medidas de longitude do globo, para que os navios britânicos pudessem contar com uma navegação mais padronizada. Além disso, o *Beagle* também deveria mapear as costas continentais e dizer, com precisão, a localização geográfica dos portos estrangeiros — assim, a Inglaterra pretendia dominar economicamente os países da América do Sul que tinham alcançado havia pouco tempo a própria independência. Os viajantes se apropriavam do que encontravam nas expedições, como se o mundo estivesse à sua disposição. E foi assim que as coleções de tantos museus foram se ampliando.

Darwin está inserido em tudo isso. Ele tinha muito orgulho de ser inglês, como tinha também orgulho de vir de uma família de cientistas, de abolicionistas, de gente que defendia os direitos humanos. Escreveu no diário do *Beagle* que a Austrália, onde estava no final da viagem, reinaria como imperatriz do hemisfério Sul.

> [...] a Austrália está crescendo, ou podemos dizer, até, elevando-se a um grande centro civilizacional — que, em algum período não muito distante, vai governar como imperatriz sobre o hemisfério Sul. É impossível para um inglês contemplar essas colônias distantes sem um grande orgulho e satisfação. Içar a bandeira britânica parece ter como consequência certa riqueza, prosperidade e civilização.[28]

São muitas camadas de uma mesma história. E muitos privilégios também. Darwin era um europeu que nasceu numa família abastada, nunca precisou se preocupar com ganhar dinheiro, e caiu no seu colo a possibilidade de viajar e conhecer a diversidade do mundo. Isso só poderia acontecer dessa forma dentro do contexto em que ele estava.

MIL: E Darwin ainda teve o privilégio de fazer uma viagem de circum-navegação em que ele pôde inserir também o contexto geográfico para a diversidade que encontrava. Ele pôde comparar a fauna de um lugar, de outro lugar, e se perguntar: "Por que diferentes animais em diferentes locais? Por que diferentes formas em diferentes tempos? Por que existe essa substituição de formas no tempo e no espaço?"... Foram perguntas legítimas que ele começou a fazer — e ele tinha como responder. Quando não tinha evidências, você ficava especulando: "Deus fez assim, deve ser obra do criador...", ou outras respostas mais esotéricas. Mas no século 19 havia evidências materiais que permitiam que essas questões fossem feitas, respondidas e até questionadas: "Não concordo com você, vou lá, examino o material e posso formar a minha própria opinião". Então, acho que esse período, nesse sentido, e graças aos museus, de certa forma, foi privilegiado para a gente de fato pavimentar o caminho que era necessário para as ciências da natureza se transformarem.

Com os museus, os naturalistas da Europa podiam ver essa grande variedade de espécies do mundo, além de compará-las. E podiam comparar, também, indivíduos que são da mesma espécie, mas que têm diferenças entre si, maiores ou menores. Às vezes, pode ser difícil determinar onde começa uma espécie e onde termina outra — isso nem sempre é tão claro como pode parecer quando olhamos para um rinoceronte e para um pernilongo. Com esses exemplos, parece fácil identificar as diferenças e definir cada espécie; mas o próprio Darwin se confundiu quando olhou para os tentilhões de Galápagos: ele achou que eram pássaros de espécies diferentes, e não variações dentro de uma mesma espécie.

Quando escreveu *A origem das espécies*, ele mostrou que confusões como essas são muito frequentes. Por exemplo, em casos da botânica: é muito comum a comparação entre a fauna e a flora de diferentes lugares do mundo. E muitas flores ou plantas que um determinado botânico entende serem de espécies diferentes são entendidas por outro botânico, de outro lugar, como variedades de *uma mesma espécie*.

> É inquestionável que variedades de natureza ambígua estão longe de ser incomuns. Comparem-se as floras da Grã-Bretanha, da

> França e dos Estados Unidos, coligidas por diferentes botânicos, e pode-se ver o surpreendente número de formas classificadas por um naturalista como certas, que outros consideram meras variedades.[29]

E como saber se são espécies ou se são só variações? Isso parece um tanto arbitrário, principalmente quando as diferenças não são tão marcadas assim. Lineu pode ter dedicado a vida inteira para criar um sistema de classificação de todas as espécies conhecidas — mas isso é uma abstração. Na natureza, não existem etiquetas. Só que, até aquele momento, acreditava-se sobretudo que cada uma das espécies tinha uma essência própria, um "tipo" que servisse de modelo para representar todos os outros indivíduos daquela espécie.

MIL: Como tinha poucos exemplares nas coleções antigas de museus, as espécies eram definidas e descritas a partir, muitas vezes, de exemplares únicos. Dessa maneira, você pegava um único exemplar, chamava-o de "tipo" e a visão que se tinha era de que esse exemplar deveria ter a essência da espécie. Assim, ele corresponderia à imagem platônica do que seria essa espécie. Você associaria o nome a esse exemplar e bastaria isso. Descrevia... e não precisava de mais nada. Darwin vai dizer que não é bem assim. Que, na verdade, não existe um tipo para uma determinada espécie; existe uma variabilidade imensa dentro das populações de cada espécie. Se a gente se entreolhar aqui e agora, vai ver que, num mesmo país, numa mesma cidade, tem uma variação imensa de fenótipos. E ele começou a pensar: "Mas por que isso?". Primeiro: para que essa variabilidade tão grande se as espécies são criadas? Por que elas não são homogêneas? E aí Darwin começou a pensar sobre o significado dessa variabilidade.

Ou seja: para pensar na espécie, Darwin precisava pensar nos indivíduos. Não basta considerar a *espécie* rinoceronte — como se todos os rinocerontes fossem iguais. Nem mesmo todos os pernilongos são iguais; ou todas as cracas, para usar um exemplo de uma espécie que Darwin passou oito anos estudando, muitos anos depois de voltar da viagem do *Beagle*. Se pegarmos um indivíduo craca e colocarmos ao lado de outro indivíduo craca, veremos que eles não são idênticos, mas têm variações entre si — assim como nós, humanos. *Todos os indivíduos* são diferentes entre si, e a fronteira que determina onde começa uma espécie e termina outra pode ser muito tênue. Nenhum rosto é igual, nenhum corpo é igual, e essas diferenças mudam todo o pensamento sobre o que são as espécies e como elas se formam. Isso se olharmos do ponto de vista de um tempo mais amplo: um tempo que aumenta as variações, e que cria, com elas, transformações.

* * *

Darwin pensava sobre o indivíduo.

Até então, o pensamento biológico observava as formas da natureza e se preocupava em criar parâmetros para descrevê-las. No mais das vezes, deduzia-se que cada característica de um ser vivo existia para atender a certas funções, certas finalidades. Era o princípio do funcionalismo: era pensar que, por exemplo, o camelo consegue viver oito dias sem água para estar perfeitamente adaptado ao deserto — isso parece fazer sentido.

Mas, com Darwin, tudo muda: o que ele diz é que não existem dois camelos iguais no mundo. Cada indivíduo é diferente, cada camelo é singular. Na luta pela sobrevivência, o camelo que, por suas características particulares, tiver capacidade de armazenar mais água do que outro camelo ao seu lado vai levar vantagem; quem vai sobreviver é o primeiro. O primeiro vai se reproduzir e passar essa característica favorável adiante. No final das contas, na sucessão de gerações, os camelos vão acabar ficando com uma capacidade muito grande de armazenar água. Darwin, com isso, tirava de vista a finalidade da natureza e passava a observar as tramas, os acasos, os detalhes.

Como um romancista.

Num romance, o autor observa as particularidades de seus personagens: ele olha para indivíduos que ele mesmo criou e observa, como um cientista observa seu experimento, o que pode acontecer nas redes de trocas e relações que correm entre esses indivíduos. Um personagem se apaixona por outro — e o que acontece? E se um deles, de repente, receber uma herança misteriosa e enriquecer? Como isso muda a pessoa que ele é? O romancista, como o biólogo evolucionista, observa as menores variações individuais que ocorrem ao longo do tempo. E, no século 19, o romance estava no seu auge.

Alguns autores daquela época começavam a se autodenominar como *experimentais*. Isso significava algo muito diferente do que pensamos hoje quando ouvimos falar em "arte experimental": não era a arte autoconsciente das vanguardas do século 20, interessada em testar os limites de suas próprias formas. A ideia por trás do termo era outra: a literatura estava também se apropriando de um termo das ciências, colocando-se par a par com os métodos científicos da época. Uma literatura experimental era, para os vitorianos, um método de controle dos experimentos que a escrita possibilita, como se cada livro fosse um laboratório de estudos — sobre um repertório cumulativo de indivíduos humanos —, e não um campo de especulação e fantasia.[30]

Os cientistas também estavam incorporando às suas práticas os termos do mundo social e ficcional. Darwin não é um biólogo puro. A teoria da seleção natural não partiu apenas da observação dos seres vivos: só foi possível compreender tanto do que é a natureza porque essa teoria partiu de influências de muitas áreas diferentes. As coisas se cruzam. E, quando começamos a entrar em contato com uma época diferente, com um lugar diferente, aos poucos percebemos o quão complexos são esses cruzamentos.

Darwin gostava muito de ler poesia quando era jovem — quando ainda estava a bordo do *Beagle*, não largava sua edição do *Paraíso perdido*, de John Milton. Mas quando voltou à Inglaterra, e à medida que foi envelhecendo, foi se afeiçoando cada vez mais aos romances.

> Mas agora, já há muitos anos, não suporto ler uma linha de poesia; recentemente tentei ler Shakespeare e o achei tão intoleravelmente aborrecido que me enjoou. [...] Por outro lado, [romances] que são grumo do trabalho de imaginação, embora não de ordem muito elevada, têm sido há anos um alívio maravilhoso e um grande prazer para mim, e sempre abençoo todos os escritores desse gênero.[31]

O século 19, na Inglaterra, foi o grande período dos romancistas. Poderíamos falar de Charles Dickens, ou de Jane Austen, ou dos Brontë — aquela família de três mulheres escritoras e um irmão alcoólatra, no interior do país. Todos esses nomes ressoam quando pensamos nessa época, e todos trariam luzes interessantes para observar o pensamento de Darwin. Mas agora vamos falar de outro nome, de outra autora. Uma mulher que escreveu muito, que foi muito conhecida e assinava com muitos nomes diferentes, a depender do que ela queria publicar e de como queria que seus textos fossem recebidos.

É fácil olhar para a história das ideias no Ocidente e não enxergar as mulheres — até porque elas estavam frequentemente dentro de casa, onde é mais difícil perceber sua presença. Mas a mulher de que vamos tratar aqui é um caso à parte; uma mulher que foi conhecida por vários nomes. Era Mary Ann Evans nos círculos intelectuais, tradutora, ensaísta e crítica de primeira linha. Em anonimato, também editava uma revista de ensaios e discussões culturais. Aos 37 anos, quando começou a escrever ficção, ela se batizou com um nome masculino: George Eliot. Seus romances fizeram tanto sucesso que muitos — homens e mulheres — quiseram se passar por George Eliot. E ela, que não queria que sua figura polêmica fosse associada logo de cara àqueles novos livros escritos com tanto empenho e energia, acabou tendo que vir a público dizer que ela mesma era a autora, e não a meia dúzia de aproveitadores que tentavam tomar o seu lugar. Evans era uma figura polêmica em parte porque escrevia críticas muito contundentes sobre os costumes, a teologia, a literatura da época, os livros ditos "para mulheres", os livros escritos *por* mulheres, e as ciências. Mas também simplesmente porque era uma mulher, neta de um carpinteiro, que passou a maior parte da vida vivendo com um homem com quem não era casada (só foi se casar depois dos sessenta anos, um ano antes de morrer, e com outro homem).

Mary Ann Evans era muito singular. Foi considerada, ainda em vida, a mulher mais importante da Inglaterra. Ou melhor: a segunda mulher mais importante, porque existia a rainha Vitória. Mas a própria rainha lia o que ela escrevia. E Charles Darwin também.

Ela foi uma sábia, disse o crítico Harold Bloom, que ainda afirmou que, de todos os romancistas, ela foi a mais inteligente.[32] Virginia Woolf disse que Evans era uma das poucas que escrevia verdadeiramente para adultos.[33] Ela costumava usar um chapéu preto com pena de avestruz e, segundo o escritor Henry James — que disse que, para sua própria surpresa, apaixonou-se por ela depois de uma noite de conversas —, tinha uma aparência "maravilhosamente feia".[34]

Seus romances fazem um elogio da vida rural — das pequenas vidas, das pessoas que serão sempre desconhecidas, descendentes de gerações de pessoas anônimas. Uma família de pequenos agricultores, um médico de província, uma professora numa escola para meninas, um homem velho e erudito que nunca chega a fazer nada com o conhecimento que acumula... Essas vidas se tornam imensas quando as vemos de perto, pelas lupas desse experimen-

George Eliot, em retrato de Sir Frederick Burton, 1865

to que George Eliot faz em sua literatura. O que ela observa é em que medida somos todos afetados, inevitavelmente, pelo meio onde vivemos. "Pois não existe criatura que não seja muitíssimo determinada pelo que existe ao seu redor, por mais forte que seja aquilo que ela tem dentro de si",[35] escreve.

Seu principal livro, *Middlemarch*, é um romance de novecentas páginas, com dezenas de personagens e tramas que se encontram e desencontram, à moda de um *Guerra e paz*, de Tolstói, ou de *A comédia humana*, de Balzac. George Eliot cria personagens que carregam dentro de si certas ideias ou certas fantasias e desejos, e os força a entrarem em situações nas quais eles veem essas fantasias se chocando contra as fantasias alheias. Todo mundo tem uma vida interna que se confronta com as condições do mundo externo: nossos pensamentos e desejos são quase sempre forçados a mudar, a se adaptar, para que possamos viver no mundo. Os modos como cada pessoa se adapta e sobrevive ao meio onde se encontra são, basicamente, o que Eliot busca explorar na ficção. E foi também isso, se mudarmos um pouco os termos, o que Darwin explorou na natureza: como cada ser vivo se adapta e sobrevive ao meio, levando adiante a sua singularidade, a sua variação.

George Eliot compilava dados escrupulosos sobre o que acontecia na Inglaterra no período em que se passa o seu romance: são anotações sobre as mudanças políticas, as ferrovias que atravessam o país, as práticas dos médicos, dos leiloeiros, as chuvas e as colheitas. Ela estava fazendo um experimento para explorar as tramas do cotidiano — tramas que se desenrolam no tempo, a partir de pessoas ao seu redor. E fez esse experimento também influenciada por Darwin e pelo debate científico da época: ela acompanhava de perto as discussões das ciências,[36] que muitas vezes forneciam um arcabouço de técnicas e de imagens que podiam ser aproveitadas — como o agrupamento de material de análise, de dados que servem para construir um experimento. Eliot pensava na evolução não para se perguntar sobre pássaros, macacos, amebas ou samambaias. Mas guardava essa imagem de um indivíduo que se desdobra e muda com o passar do tempo, sob as pressões do ambiente: ela olhava para esse movimento para pensar em nós. Nenhuma pessoa nasce pronta, nenhuma pessoa é uma forma fixa.

E, segundo George Eliot, ou Mary Ann Evans, do ponto de vista da evolução dos animais, a situação das fêmeas humanas era a pior de toda a natureza. Ela abre *Middlemarch* dizendo que as mulheres são obrigadas a viver em um único ambiente — o ambiente do lar —, e é por isso que as singularidades de cada indivíduo não têm espaço para brotar. É por isso que, olhando de fora, todas as mulheres parecem ter os mesmos penteados e parecem gostar das mesmas historinhas de amor contadas em prosa e verso. Mas, se elas pudessem expandir suas vidas para outros ambientes, outros meios, aí sim a variabilidade da espécie poderia se fazer notar.[37] É isso o que George Eliot demonstra nesse seu experimento épico e doméstico, nas novecentas páginas de sua obra-prima, cujo subtítulo é: *Um estudo da vida provinciana*.

* * *

George Eliot é um exemplo de escritora de sucesso na Inglaterra vitoriana. Não foi a única, mas certamente não havia muitas outras. A sobrinha de Darwin, Julia Wedgwood, seguia logo atrás de Eliot — considerada a segunda mulher mais inteligente da Inglaterra —, publicando ensaios relevantes para o mundo dos intelectuais ingleses. Conhecida na família pelo apelido de Snow, foi uma das primeiras a resenhar e criticar *A origem das espécies*, dizendo que

Frances Julia (Snow) Wedgwood

o livro podia explicar a origem das espécies, mas não oferecia uma explicação para a origem da *vida*. E que, portanto, a pergunta mais importante continuava sem resposta. Em uma carta endereçada a ela, Darwin revelou-se admirado com sua leitura e disse que seu entendimento sobre o livro era um "evento raro" entre os críticos.[38]

As mulheres que assumiram lugares de importância nesse mundo masculino foram poucas, e pontuais. Não eram suficientes para formar uma rede de troca de conhecimento, como os homens da época faziam. E isso faz pensar, de novo, nas condições completamente favoráveis para que a teoria da seleção natural viesse justamente desse homem, Charles Darwin — e, na verdade, para que viesse *de um homem*. Um homem com muitos companheiros homens que ajudavam uns aos outros, que trocavam favores e opiniões. Em Cambridge, eram todos homens. No *Beagle*, eram todos homens. E, quando Darwin voltou para a Inglaterra, eram todos homens aqueles para quem enviou os espécimes que tinha coletado e de quem recebeu de volta as análises que foram as primeiras luzes para o longo caminho da sua teoria.

CAPÍTULO
* 4 *

Os marcianos saíram do cilindro

A guerra das espécies, a guerra dos mundos e o fim do mundo

Ó, vasta confusão! Verdadeiro epítome
Do que é essa poderosa Cidade
Para milhares e milhares de seus filhos,
Que vivem em meio ao turbilhão perpétuo
De objetos banais, fundidos e reduzidos
A uma só identidade, por diferenças
Que não têm lei, sentido ou fim —
Opressão, sob a qual até as mentes mais elevadas
Devem trabalhar, diante da qual nem os mais fortes
são livres.

WILLIAM WORDSWORTH, *THE PRELUDE*[1]

Na primeira década do século 19, a população de seres humanos no planeta Terra chegou a 1 bilhão. A estimativa da ONU é de que, em 2050, seremos 10 bilhões de pessoas ocupando o mundo.[2]

Este é um capítulo sobre o começo de um mundo novo — o mundo superpopuloso, urbano e industrial. E sobre o fim do mundo. Este é o nosso capítulo de terror.

Quem nos acompanha aqui são, novamente, os entrevistados Pedro Paulo Pimenta (PPP) e Maria Isabel Landim (MIL).

PPP Quando lemos *A origem das espécies*, percebemos que o mecanismo da vida é a destruição, é a morte. Não é à toa que, quando Freud leu esse livro, ele chegou na pulsão de morte. É a morte que está moldando as formas, é a destruição que está fazendo com que a vida seja perpetuada. A gente não gosta de ouvir isso. Gostamos do mundo radiante, em que o ser vivo se afirma, em que o fato de ele ter se tornado um ser racional lhe confere uma capacidade inesgotável, porque aí ele passa a calcular soluções etc. Parece que não vem dando muito certo.

* * *

> Nunca antes, na história do mundo, uma massa tão grande de seres humanos tinha se movido e sofrido em conjunto. As hordas legendárias dos godos e dos hunos, os maiores exércitos jamais vistos na Ásia, não seriam nada além de uma gota naquela corrente. E não era uma marcha disciplinada; era uma debandada — uma debandada gigantesca e terrível — sem ordem e sem rumo, seis milhões de pessoas desarmadas e sem provisões, caminhando impetuosamente. Era o começo da derrota da civilização, do massacre da humanidade.[3]

Essa é a imagem de um mundo massacrado, uma humanidade que foge e corre desgovernada de um inimigo que invade o planeta e quer acabar com a espécie humana. Isso foi imaginado pelo escritor inglês H. G. Wells, no final do século 19, quando as possibilidades do fim do mundo assombravam os homens e as mulheres na Inglaterra — as possibilidades do fim de *um* mundo se tornavam cada vez mais concretas.

Durante o século 18, Paris tinha sido a capital mais influente da Europa, com seus museus recém-inaugurados, seus monarcas recém-guilhotinados. No século 19, era a vez de Londres tomar esse lugar: nesse momento, na Grã-Bretanha, ocorreu uma mudança total nos modos de vida. A população que até então trabalhava no campo estava sendo forçada a buscar serviço nas cidades ou nas minas de carvão, onde crianças, de até mesmo cinco anos de idade, chegavam a cumprir jornadas de dezesseis horas embaixo da terra. A economia passou a depender cada vez mais de trabalhadores como essas crianças: tornou-se uma economia das manufaturas e do comércio. O país se viu atravessado por trens a vapor e com os portos apinhados de navios.

Mulheres e crianças trabalhando na manufatura.
No alto da imagem, lê-se "Progress of cotton" [progresso do algodão]

> [...] através do abismo do espaço, mentes que estão para as nossas como as nossas mentes estão para as feras que são caçadas, intelectos vastos e frios e insensíveis, olhavam para essa Terra com olhos invejosos e, lenta e seguramente, armavam seus planos contra nós.[4]

A Inglaterra foi o primeiro país europeu a se industrializar. Ganhou essa corrida: já no começo do século 19, espalhou-se pelo mundo com suas exportações de algodão e outros bens manufaturados; conquistou os mercados internacionais — inclusive nas colônias portuguesa e espanholas da América do Sul que estavam em vias de se tornarem independentes. A Inglaterra tinha a maior frota de navios mercantis do mundo. E alguns desses navios, como já sabemos, levavam, quase por acaso, naturalistas recém-formados, ainda em dúvida sobre o que iriam fazer da vida.

Em 1831, quando Darwin embarcou no *Beagle*, a população de Londres era de 1,9 milhão de habitantes. No fim do século, a população passava dos 6 milhões. Mais do que triplicou. E mesmo aqueles que foram beneficiados por essas mudanças, os poucos que deram um jeito de enriquecer com essa revolução (como a família materna de Darwin, os Wedgwood, que prosperaram com a famosa marca de porcelana), mesmo essas pessoas de sorte ainda assim reclamavam de uma sensação recorrente de ansiedade; a sensação de que algo tinha se perdido, de que era impossível acompanhar a velocidade das mudanças e não se sentir deslocado, sem lugar no mundo.

Ao olhar para esse período de mudanças tão drásticas, podemos nos debruçar também sobre aquilo que é mais difícil de contabilizar; o que não se tem como calcular propriamente: quais eram os efeitos íntimos que mudanças como essas provocavam? A poesia, entre outras coisas, é um jeito de tentar dar conta desse incalculável. A poesia, naquela época, começava a relatar as mudanças internas que faziam par com as grandes mudanças exteriores:

> ***Afinal, o que desgasta a vida dos homens?***
> ***É que, de mudança em mudança, a existência segue;***
> ***É que os abalos repetidos, de novo e de novo,***
> ***Exaurem a energia até das almas mais fortes***
> ***E lhes ressecam a capacidade elástica.***
> ***Até que, esgotados os nervos de tanta euforia e dor,***
> ***E, com a mente farta de tanto elucubrar,***
> ***Ao Gênio da pausa entregamos***
> ***Nossa vida gasta, e somos — o que fomos.****

Este é um trecho do poema *The Scholar Gipsy* [O estudante cigano], de Matthew Arnold, um poeta e crítico bem conhecido na Europa na segunda metade do século 19. É um poema longo, que, em resumo, fala da estranha desordem da vida moderna; reclama do que diz ser uma pressa doentia, com mudanças e mais mudanças que não deixam tempo suficiente para que ninguém se habitue com nada. São coisas que nós sentimos até hoje, com nossas cabeças atarefadas até o limite. E o poema fala também do desejo de que a vida seja mais simples: porque, toda vez que tentamos nos

---

* *For what wears out the life of mortal men? / 'Tis that from change to change their being rolls; / 'Tis that repeated shocks, again, again, / Exhaust the energy of strongest souls / And numb the elastic powers. / Till having used our nerves with bliss and teen, / And tired upon a thousand schemes our wit, / To the just-pausing Genius we remit / Our worn-out life, and are — what we have been.* Matthew Arnold, versos de "The Scholar Gipsy" [1853]. In: Timothy Peltason (Org.), *Selected poems by Matthew Arnold*. Londres: Penguin Classics, 1995.

direcionar e encontrar um caminho no mundo, lá vêm as mudanças, as exigências que nos fazem perder o rumo. O mundo ficou apressado demais.

LONDRES NO SÉCULO 19

A agitação urbana e o contraste entre prosperidade e pobreza da Londres vitoriana não podiam deixar de impressionar quem a visitava. Podemos destacar alguns exemplos brasileiros, como o escritor Luís Guimarães Júnior, autor de uma curta, porém variada, produção (que inclui até mesmo um romance humorístico). Guimarães Júnior ingressou na carreira diplomática em 1872 e serviu como adido na legação da capital inglesa. Deixou-nos um soneto intitulado "Londres" que se encerra com os seguintes versos: "Retine o ouro: — vela a Indústria ingente,/ Cresce a miséria e aumenta o vício impuro.../ Oh milionária Londres indigente!".[5]

Também José de Alencar viajou para a Europa, em 1876, com a família, buscando melhoras para sua saúde frágil. Segundo Araripe Júnior, a entrada em Londres causou ao autor de *Iracema* o efeito de um pesadelo: "Há ali uma tal vertigem de cruzamentos de linhas férreas, vagões, locomotivas infernais, viadutos quase aéreos, que se torna impossível deixar de sentir um sobressalto, como ao entrar na cidade plutônica do Dante, que se estende, infinita".[6] Ao andar de metrô pela primeira vez, Alencar foi tomado por tamanha angústia que declarou que jamais utilizaria novamente esse meio de transporte.

Menos de cem anos antes disso, londrinos relatavam sentir falta da vida no campo porque, na cidade, *tinha silêncio demais*. Só de vez em quando se ouvia um cavalo trotando pelos paralelepípedos. Fora isso, onde estava o barulho constante do campo, aqueles sons de pássaros, os insetos, as vozes de pessoas já conhecidas? Que silêncio mórbido era aquele?

O século 19 criou outro mundo. Os efeitos disso, para os ingleses, eram visíveis: a poluição que cobria o céu de Londres, a pobreza extrema a que uma enorme parte da população foi submetida, sem assistência social nem direitos trabalhistas. Foi uma época de muitas revoltas populares, dos trabalhadores em protesto quebrando as máquinas das fábricas. Uma boa parcela dos mais pobres recorria aos próprios meios para se manter, já que não tinha como contar com o apoio do Estado: pessoas se juntavam em pequenas comunidades urbanas, grupos de afinidades em comum, até mesmo para plantar hortas em seus apartamentos abarrotados e colher e comer ali mesmo. Pode parecer estranhamente atual: a classe rica, no final do século, escolhia entre jantar num restaurante chinês, italiano ou indiano — desde que se tivesse dinheiro, não faltavam opções cosmopolitas em Londres.[7]

O século 19 criou um mundo em aceleração. O tempo se tornou dos relógios e dos cronômetros. Lembremos que o navio *Beagle* levava 22 cronômetros a bordo quando levou Charles Darwin para viajar. Por muitos séculos, era difícil para os navegantes se localizarem a bordo, pois não havia como determinar a hora exata em alto-mar — e, sem isso, não havia como calcular a longitude. Entre as tentativas mais insólitas de marcar a hora precisa longe da terra firme, o "pó da simpatia" talvez tenha sido a mais intrigante. Era um pó que teria propriedades mágicas, que garantiriam curas à distância; bastaria aplicá-lo no pertence de uma pessoa doente ou machucada para que ela sentisse seus efeitos. Mas o que isso tem a ver com o mistério da longitude? Usando o pó mágico, era só levar a bordo um cão machucado e contar com um ajudante em terra. O ajudante, ao meio-dia em ponto em Londres, mergulharia a bandagem do cachorro ferido na solução mágica; dessa forma, quando o cão gritasse a bordo, isso significaria que era meio-dia em Londres. A partir daí, o capitão poderia comparar a hora de Londres com a hora no navio para então descobrir a longitude.[8]

Só no século 19, quando enfim John Harrison conseguiu inventar um relógio para o mar que não dependia de pêndulos, tudo mudou: passou a ser possível navegar sem impedimentos e, assim, criar rotas de transporte rápidas e seguras. E com isso o tempo do mundo foi padronizado.

Até então, cada lugar tinha um relógio mais ou menos próprio: olhando para o sol bem no alto do céu, deduzia-se que era meio-dia. Havia cidades vizinhas, em um mesmo país na Europa, cujos horários variavam em cinco ou dez minutos. O tempo só foi globalizado com a invenção de Harrison; os navios agora podiam chegar ao outro lado do Atlântico e determinar que horas seriam em Salvador e que horas seriam em Londres, de acordo com um mesmo ponto de referência estabelecido: o meridiano de Greenwich. Pela primeira vez na história, o mundo estava trabalhando com uma variação de horário coordenada. A Revolução Industrial mudou o tempo do mundo, e isso se fez necessário porque havia interesse econômico — o mercado inglês estava se expandindo cada vez mais.

Em Londres, os relógios eram onipresentes: não se media mais as horas pela luz do sol, e sim pelos ponteiros. Charles Dickens escreveu que o tempo se tornou ferroviário, como se o próprio sol tivesse desistido.

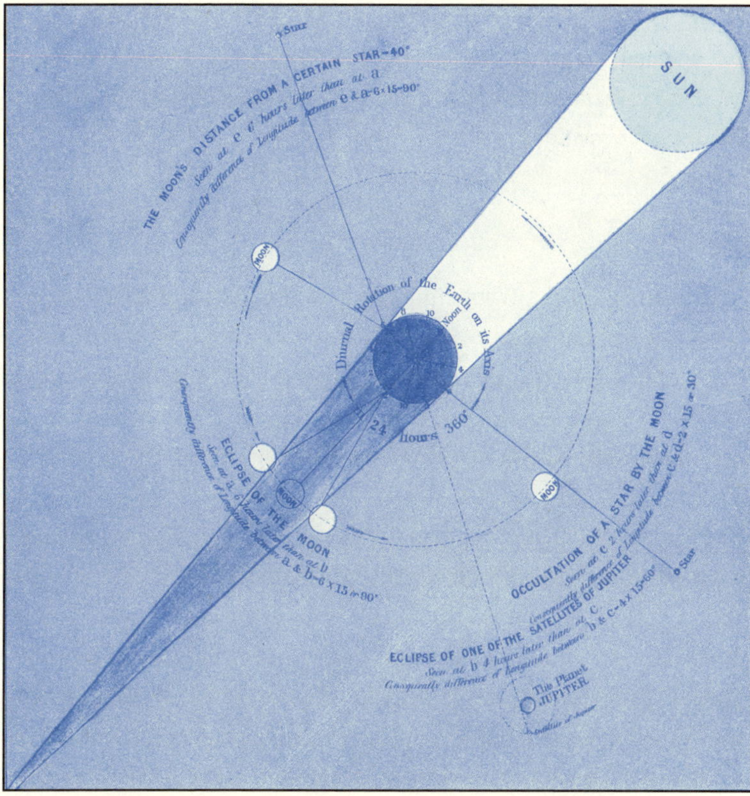

Diagrama explicativo do método para definir a longitude com base em cálculos astronômicos e almanaques náuticos: a imagem representa as posições da Terra (ao centro), Sol, Júpiter e Lua, e menciona como se deve proceder em caso de eclipse lunar (gravura de John Emslie, 1851)

Havia tabelas ferroviárias nas lojas de costura e jornais ferroviários nas janelas de seus repórteres. Havia hotéis, cafés, hospedarias e pensões ferroviários; planos, opiniões, papéis de embrulho, garrafas, lancheiras e calendários ferroviários; carruagens de aluguel e pontos de táxi ferroviários; ônibus, ruas e prédios ferroviários, agregados e parasitas e puxa-sacos ferroviários a perder de vista. Havia até um tempo ferroviário nos relógios, como se o próprio sol tivesse desistido.[9]

* * *

A escritora Virginia Woolf, que viveu na Inglaterra dessa época, escreveu que, naquele mundo acelerado, a vida das mulheres não passava de uma sucessão de trabalhos de parto: “[a mulher] se casa aos dezenove e, aos trinta, já teve quinze ou dezoito bebês, porque os gêmeos são abundantes. Foi assim que o império britânico se fez”.[10]

PPP: Agora, passemos a pensar num desequilíbrio entre as necessidades do ser vivo e o que existe para sustentá-lo.

Diante da aceleração do mundo e do crescimento da população, surge a ideia de um desequilíbrio de recursos — a ideia de um mundo insustentável. Essa hipótese vem na esteira do pensamento de um clérigo daquela época, um clérigo que olhava para a população que vinha à sua paróquia e não via motivo para nenhum otimismo. Seu nome era Thomas Malthus.

Malthus trabalhava numa pequena paróquia, presidindo batismos, casamentos e funerais. Aos poucos, ele foi percebendo que o número de registros de nascimentos era muito maior do que o número de mortes; e que essas crianças que vinham ao mundo eram quase todas inevitavelmente pobres. Miseráveis, na verdade, e não paravam de nascer. Ele tinha a sensação de que não adiantava ajudar essas pessoas a saírem da pobreza, porque, toda vez que a condição delas melhorava um pouco, logo nasciam mais filhos. Pelo menos, era essa a sua visão.

Thomas Robert Malthus em gravura à meia-tinta, de John Linnell, 1834

Ele olhou para o crescimento da população na Inglaterra — os bebês nascendo aos montes, quinze, dezoito, de uma vez — e previu o fim do mundo. O fim do nosso mundo. Ou, corrigindo: o fim do mundo *dele*. Thomas Malthus intuiu que a população — e, principalmente, a população pobre — cresceria numa velocidade muito maior do que a capacidade de sustentá-la. Então, ele deu uma roupagem matemática para a coisa. Basicamente: segundo Malthus, a população crescia em progressão geométrica, e a produção de alimentos crescia em progressão aritmética — mesmo com todos os esforços e toda a tecnologia do novo século. Então, a comida cresceria por soma: de 2 para 3, de 3 para 4 etc. Enquanto a população cresceria se multiplicando, não somando: de 2 para 4, para 8, 16, 32, 64, 128... Os números de um e outro se distanciavam cada vez mais. Em pouco tempo, não haveria como alimentar todo mundo.

Com esses números, Malthus criou uma distorção exagerada da realidade — porque, na verdade, se as estimativas fossem seguidas à risca, a população da Inglaterra, já no final do século 19, teria que estar na casa das centenas de milhões. A análise não estava correta; a suposta matemática servia sobretudo como figura retórica para que Malthus insistisse na questão mais importante para ele: a população crescia num ritmo tão acelerado que nenhum país conseguiria dar conta de manter todos bem alimentados.

Logo, o que existe é uma disputa pela sobrevivência. Foi isso o que Malthus concluiu no seu *Ensaio sobre a população*, publicado pela primeira vez em 1798, quando ele tinha 32 anos. O livro rapidamente virou um lugar-comum da intelectualidade inglesa. Todo mundo tinha lido Malthus, e todo mundo tinha uma opinião a respeito dele. Era um pensamento que estava em todo lugar — nas rodas de conversa cultas e nos jantares, com muita gente concordando, mas também bastante gente contestando. Os poetas William Wordsworth e Samuel Taylor Coleridge, por exemplo, leram e criticaram a teoria de Malthus — para saber mais, você pode ler a seção dedicada aos poetas românticos, ao final deste capítulo. De qualquer forma, esse medo estava em todo lugar: como dar conta de continuar vivo?

PPP: Eu, sinceramente, embora não seja marxista ou algo assim, não me sentiria à vontade sob nenhum aspecto em me definir como malthusiano, porque é um pensamento moralista, reacionário e hierárquico. Do ponto de vista dos problemas que nós temos para enfrentar hoje, Malthus não nos oferece nenhuma solução — a não ser que você seja uma pessoa disposta a se definir, não como um liberal, mas como um reacionário.

Para Malthus, são três as maneiras de a população diminuir. A primeira é aquela que ele já podia ver acontecendo à sua volta: a via da miséria, da insalubridade, da pobreza extrema — as pessoas morrerem de fome ou de doenças endêmicas. A segunda é a guerra. E, por último, estão os desastres naturais e as epidemias: quando as epidemias não são contidas, elas se alastram de modo exponencial (como temos aprendido na prática neste início de século 21). Qualquer um desses fatores — doença, fome, desastre, miséria ou guerra — contribui para a esterilidade e a morte prematura. Eles impedem que as pessoas cheguem à idade reprodutiva. E, no final das contas, a questão é a reprodução.

Malthus propunha, então, mais controle sobre as vidas, menos bebês no mundo. Como ele era clérigo e não aprovava o uso de nenhum método anticoncepcional ou abortivo, a melhor maneira que via para diminuir o ritmo da população era pela abstinência. Mas isso não se aplicava a *todas as pessoas...*

A sua preocupação pesava para a população pobre, as classes baixas da Inglaterra e os habitantes dos países pobres — ele certamente não gostaria que tivéssemos tantos filhos aqui no Brasil. O que Malthus defendia era que toda forma de assistência social deveria ser coibida. Não se deveria prestar nenhum tipo de auxílio à população carente, porque isso só incentivaria que essas pessoas tivessem mais filhos. Sua ideia era dificultar ainda mais as vidas dos pobres para que eles nem sequer conseguissem chegar à possibilidade de ter filhos. O escritor Gilbert Chesterton disse que havia algo de anti-humano em Malthus.[11] Karl Marx definiu Malthus como um sicofanta, o mentiroso descarado das classes dominantes. Disse que o *Ensaio sobre a população* não oferecia nada além de uma justificativa para os produtores de riquezas seguirem perpetuando a pobreza e a exploração dos trabalhadores.[12]

PPP: Malthus diz que nunca vamos conseguir sustentar a população no ritmo em que ela cresce. Depois, na segunda edição do livro, ele diz algo como: "não, na verdade temos um controle, que é o controle moral das populações". Sabe o que é o controle moral? Os pobres precisam parar de se reproduzir, e, para parar de se reproduzir, eles precisam parar de ter relações sexuais. Para isso acontecer, seria bom que se tornassem puritanos estritos, como as classes dirigentes, que (supostamente) sabem se conter. Isso é a Inglaterra vitoriana, para quem tem estômago.

* * *

> E, olhando através do espaço com instrumentos e inteligências com que nós mal podemos sonhar, eles veem, a uma distância de apenas 56 milhões de quilômetros, uma esperançosa estrela da manhã, o nosso planeta quente, verde de vegetação e cinzento de água, com uma atmosfera nublada, cheio de fertilidade; eles vislumbram, através de brechas nas nuvens flutuantes, pedaços de países povoados, e mares coalhados de navios.

> E nós, homens, as criaturas que habitam esta Terra, devemos ser, para eles, tão distantes e inferiores como são os macacos e os lêmures para nós.[13]

Era inserido nessa Inglaterra vitoriana que Charles Darwin olhava para a natureza — e não se sentia em paz. Ele tingiu de medo o mundo natural. Quando via os passarinhos cantando no pomar, ou as borboletas voando, ele pensava em destruição:

> Contemplamos a face de uma natureza radiante de felicidade, por toda parte vemos alimento em abundância; mas o que não vemos, ou, se vemos, esquecemos, é que os pássaros que piam felizes ao nosso redor vivem de insetos e vermes e a todo instante estão destruindo a vida; esquecemo-nos da destruição sofrida por esses cantores, por seus ovos, por seus ninhos, vítimas de aves de rapina e de outros predadores; e nem sempre nos lembramos de que o alimento, hoje superabundante, torna-se escasso em outras estações do ano.[14]

Darwin demorou para pegar o *Ensaio sobre a população* para ler, mesmo que o livro de Malthus fosse tão comentado em todos os círculos que frequentava. Mas, quando enfim o abriu, logo associou o medo da superpopulação humana, e a consequente luta pela sobrevivência, com a superabundância que ele via na natureza.

MIL: Em 1838, a gente sabe que ele leu o trabalho de Malthus, *Ensaio sobre a população*, que dizia que a população cresceria exponencialmente, enquanto os recursos alimentares para essa população cresceriam em ritmo bem mais baixo, em progressão aritmética. Malthus concluía dizendo que haveria uma luta pela sobrevivência. E Darwin, na mesma hora, pensou: os indivíduos não são iguais. Em seguida, ele observou outro fato: animais e plantas geram muito mais "sementes" do que o número de indivíduos que prospera e se reproduz, que chega na idade adulta ou reprodutiva. Ele fez alguns cálculos e viu que, se todas as sementes de uma determinada árvore prosperassem... imagina o que seria o mundo! Não teria espaço para nada. E a mesma coisa para os animais, que são pródigos em produzir gametas, mas nem todos chegam à idade reprodutiva — que é o que funciona para a evolução.

Darwin talvez não soubesse, até finalmente abrir o livro de Malthus, que o autor não menciona só populações humanas em seu ensaio. Logo na abertura do *Ensaio*, ele propõe a seguinte hipótese: imagine que toda a vida no planeta Terra acabou, e só o que sobraram foram ervas-doces e cidadãos ingleses. E então as ervas-doces, solitárias, multiplicam-se, através das centenas de frutos minúsculos que elas produzem. Os ingleses, mesmo com o ritmo mais lento de reprodução dos humanos, fazem o mesmo: têm filhos e mais filhos. Em pouco tempo, o planeta estaria totalmente lotado de ervas-doces e ingleses por todos os lados, já que não haveria nenhum impedimento para a multiplicação da vida dessas espécies específicas — ervas-doces, ingleses, e mais nada.[15]

Depois dessa hipótese propositadamente fantasiosa, Malthus concentra-se naquilo que mais interessa para ele: o crescimento desenfreado de ingleses — quer dizer, da população humana. Já o interesse de Darwin, ao ler Malthus, era tanto pelos humanos quanto pelas ervas-doces, por assim dizer. Foi a partir daí que ele concluiu que a constante luta pela sobrevivência acontece entre todas as espécies vivas.

> Que luta não deve ter sido travada entre numerosas espécies de árvores, ao longo dos séculos, cada uma delas dispersando milhares

> de sementes! Que guerra não deve ter sido deflagrada entre inseto e inseto e entre eles, lesmas e outros animais! Entre aves de rapina e feras predadoras, cada uma delas lutando para se multiplicar, alimentando-se umas das outras![16]

Darwin conhecia uma cidade superpopulosa — Londres —, e também a vida superabundante das florestas tropicais, onde havia estado durante sua viagem de circum-navegação. A teoria de Malthus parecia caber perfeitamente naqueles ambientes, tão diferentes entre si, mas tendo em comum o fato de serem ambos muito povoados. Talvez, se Darwin tivesse conhecido as estepes russas ou o deserto do Saara em vez da mata atlântica do Rio de Janeiro, a história da ciência teria sido outra.[17] Porque foi olhando para os cenários naturais dos trópicos que ele escreveu trechos como o seguinte:

> Que carnificina incessante existe na imagem maravilhosamente calma das florestas tropicais. Coloque-se num ponto de observação elevado, e veja a paz e a vivacidade... Deve haver umas duas ou três mil onças-pintadas na América do Sul. Que matança! Todo dia! E mais o mesmo tanto de onças-pardas![18]

Aqui, ele até subestimou o número de onças-pintadas: duas ou três mil deve ser, mais ou menos, a quantidade de onças que existe hoje em dia, depois de muita perda de habitat e caça. No século 19, era realmente muito mais. De qualquer forma, essa "carnificina incessante" de que Darwin fala, que existe por trás da imagem calma das florestas tropicais, é o que ele nomeou em um de seus cadernos como "guerra das espécies" logo depois de ter lido Malthus. Realmente, como dissemos no início, este é um capítulo de terror: o terror que o próprio Darwin sentia, inclusive. E o terror que ele imprimiu no mundo natural.

A “guerra das espécies” tem a ver com um equilíbrio (e um desequilíbrio) que se mantém entre as populações. Veja um exemplo bem específico de como se dá essa dinâmica: na época de Darwin, bem perto dele, numa floresta nos arredores de Manchester, existia uma espécie de mariposa chamada *Biston betularia*, que tinha asas brancas com algumas manchas mais escuras — o que as ajudava a se camuflarem nos troncos das árvores. Até que a fuligem das fábricas de Manchester, naquele momento da Revolução Industrial, impregnou esses mesmos troncos. Então, a partir daí, quanto mais clara fosse a mariposa, mais suscetível ela estava aos ataques dos predadores, por já não ser mais tão invisível. Foi assim que, em poucas gerações, as mariposas mais claras foram sumindo. Com o tempo, a *Biston betularia* tornou-se uma espécie que em geral tem as asas pretas. Exceto em áreas despoluídas, onde a população dessa espécie continuou com as asas claras como antes. Esse não foi um plano que a natureza traçou para as mariposas. Um conjunto de causas — inclusive provocadas pelos humanos, que nem sequer imaginavam esse tipo de consequência para os seus atos — fez com que a espécie variasse numa determinada direção, e não em outra. Inúmeros fatores contribuem para a transformação das espécies, e também para o aumento ou para a diminuição das populações. O que Darwin entendeu, pensando nisso — nas ameaças e nos recursos disponíveis para cada população —, é que tudo na natureza está interligado.

Tudo está interligado e em movimento. Não há um encaixe perfeito, as coisas não foram planejadas para entrar em acordo. Uma espécie que vive há gerações em um ambiente pode, em pouco tempo, e por fatores difíceis de se prever, deixar de estar adaptada a esse lugar. As espécies se equilibram e se desequilibram constantemente, de acordo com as mudanças que acontecem, com os recursos que faltam ou que sobram. Darwin chamou esse equilíbrio instável de “economia da natureza”:

Pode-se dizer que existe uma força como de 100 mil cunhas tentando encaixar todas as estruturas em todas as frestas da economia da natureza. Ou, melhor, 100 mil cunhas que criam essas frestas, ao expulsar os mais fracos.[19]

Três espécimes de Biston betularia, *em fotografia do entomólogo britânico Richard South, 1909*

PPP: Os seres vivos se devoram e se destroem uns aos outros por uma questão de sobrevivência. Um ser se alimenta do outro, e isso se dá na disputa por espaço, por um território.

MUTUALISMO RUSSO

Darwin chamou de "economia da natureza" a relação entre o equilíbrio ou o desequilíbrio de populações em um meio, pensando na distribuição de recursos limitados entre um grande número de seres vivos. Atribuir a sobrevivência a uma questão simples de adaptação não era uma afirmação fácil de fazer — pois, extrapolando-a, chega-se à conclusão de que a natureza não tem moral ou finalidade, é simplesmente baseada em competição e força. Esse contraponto entre o caminho da natureza e alguma espécie de moral superior ainda gera muita discussão. O escritor russo Liev Tolstói era um daqueles que sentia que a visão darwiniana havia parido um mundo sem explicação, sentido ou importância, como registrou em uma carta a seus filhos no leito de morte. Mas houve quem enxergasse uma outra via, a da cooperação e do mutualismo. Em 1902, o anarquista russo Piotr Kropótkin pensou assim na obra *A ajuda mútua*, às vezes traduzida como *Mutualismo*. Para ele, a disputa pela existência na evolução levaria também a formas de ajuda entre diferentes espécies e indivíduos, e não só a um combate puro e simples. A organização, portanto, seria tão importante quanto o conflito, uma vez que as espécies precisam dar um jeito de sobreviver não só às competições entre si, mas também a circunstâncias e meios adversos. O mutualismo seria, assim, um caminho apropriado à evolução. Era uma resposta direta ao reacionarismo de Malthus e dizia respeito também à enorme influência do pensamento de Darwin na intelectualidade russa.

Darwin já tinha entendido, a partir das análises dos tentilhões de Galápagos, que os indivíduos de uma mesma espécie têm diferenças, e que essas variações acarretam transformações de geração para geração. Agora, ele pensava no conjunto de indivíduos, e na luta pela sobrevivência — nessa força como a de 100 mil cunhas que exclui estruturas e fortalece outras. Por um lado, ele pensava nos indivíduos dentro de uma espécie; por outro, pensava nas populações de espécies, e nas dinâmicas entre as populações.

Um parêntese: quando o mundo inteiro precisa parar tudo o que está fazendo para tentar lidar com uma pandemia, a questão que surge é populacional. Para entender como uma pandemia se alastra, é preciso entender como as populações se comportam. Uma pandemia, por definição, não ataca uma pessoa sozinha.

PPP: As espécies têm que ser entendidas como populações. O que isso quer dizer? Que os indivíduos interagem em grupos, grupos contra grupos e todos esses grupos em relação a um meio geográfico. Quando estudamos a natureza in loco, nos damos conta de que a relação do ser vivo com o meio não é estática.

Pensando nos comportamentos populacionais, Darwin percebeu que os seres "mais evoluídos" não necessariamente são aqueles "mais complexos", e sim os que melhor se adaptam às circunstâncias. Uma bactéria pode estar bem mais adaptada ao meio do que um mamífero.

PPP: O que vai tornar um ser apto à sobrevivência não é a complexidade dele, mas a capacidade que tem de responder às circunstâncias.

Quando ficamos nessa reflexão lamuriosa sobre o fim do mundo, na segunda década do século 21, Darwin nos mostra, em

A origem das espécies, que o mais bem-adaptado não é necessariamente o mais complexo. Embora tenda a haver uma correlação entre essas duas coisas, você não pode transformar isso em uma lei necessária, não existe evidência para tanto. Então pode ser que o mundo esteja acabando para nós, porque nós não estamos preparados para lidar com o mundo tal como ele está se tornando.

Mas o medo de o mundo acabar não é uma exclusividade do século 21.

> Ninguém acreditaria que esse mundo estava sendo observado, de perto e com muito interesse, por inteligências superiores às dos homens e, ainda assim, tão mortais quanto as nossas; que, enquanto o ser humano estava ocupado com os seus tantos afazeres, ele era escrutinado e estudado, talvez quase tão minuciosamente quanto um homem com um microscópio pode escrutinar as criaturas efêmeras que pululam e que se multiplicam em uma gota d'água. Numa satisfação infinita consigo mesmas, as pessoas iam e vinham nesse globo, com os seus pequenos negócios, tranquilas na certeza do seu domínio da matéria. É bem possível que os infusórios, sob o microscópio, pensassem o mesmo.[20]

Quando olhamos para os documentos históricos e registros artísticos do período vitoriano, existem poucos sentimentos tão presentes ali quanto o medo. O medo da superpopulação, da pobreza, da mudança, do sexo. O medo das outras culturas, que iam sendo descobertas à medida que os ingleses avançavam pelo mundo em suas conquistas imperiais. O medo da guerra de todos contra todos.

E o medo da extinção da espécie humana. Isso era algo totalmente novo: a possibilidade do fim do mundo a partir da extinção. Até então, na história da Europa, o anúncio do apocalipse — inclusive, para muito breve — tinha a ver com a chegada ou o retorno de um Messias em um fim predeterminado. Mas o fim do mundo do século 19 era de outra natureza. Fazia pouco tempo que o francês Georges Cuvier tinha descoberto que as espécies não duram para sempre; que houve, no planeta, espécies que deixaram de existir, das quais só podemos encontrar os fósseis. Em seguida, Charles Lyell mostrou que o próprio planeta está sempre em transformação, até no presente. Ou seja, as grandes mudanças disruptivas, os grandes cataclismos não pertencem só a um passado remoto: a Terra continua se transformando — e, por isso, nada impede que o planeta sofra mudanças que afetem diretamente as nossas vidas. Nada garante a perpetuação da espécie humana. O próprio Lyell escreveu:

> Entre as vicissitudes da superfície da Terra, as espécies não podem ser imortais, mas devem perecer, uma depois da outra, bem como os indivíduos que compõem essas espécies. Não existe a possibilidade de escapar dessa conclusão.[21]

Com tudo o que a teoria de Darwin trazia de novo, os seres humanos começavam a se dar conta de que *eram espécies como as outras*. Quando Darwin percebia que a lei de Malthus, que dizia respeito aos humanos, poderia ser transposta para toda a natureza, isso tinha a ver também com o fato de que, na verdade, tudo é parte de um mesmo mundo, sujeito às mesmas leis. Um mesmo mundo onde podem faltar recursos, e espécies podem desaparecer do mapa sem deixar rastros — no máximo, uns poucos fósseis que talvez sejam encontrados depois de muitos milhares de anos. Um mundo em guerra, em luta permanente de espécie contra espécie, indivíduo contra indivíduo, e do meio contra todos.

Tudo isso alimentou os pesadelos e a imaginação de muita gente. Tanto o medo da espécie humana ser extinta quanto o medo de que a nossa espécie pudesse superpovoar o planeta a ponto de eclodir em uma guerra por recursos. Aliás, a palavra em inglês "overpopulation", "superpopulação", foi cunhada pelo próprio Malthus, e penetrou muito rapidamente, e de forma generalizada, a cultura e o pensamento da Inglaterra vitoriana.

> Ninguém podia imaginar que os mundos mais antigos do espaço pudessem ser fontes de perigo para o homem. Ou, se alguém pensou nesses mundos, foi só para descartar a ideia de que pudesse haver vida ali, para entender que isso era impossível ou improvável. É curioso lembrar desses hábitos mentais daqueles dias passados. No máximo, os homens concebiam a possibilidade de haver outros homens em Marte, talvez inferiores a eles, prontos para serem dominados por nós.
> [...]
> Na noite passada, mais ou menos às sete horas, os marcianos saíram do cilindro.[22]

O escritor H. G. Wells imaginou um mundo em que nós, humanos, seríamos dizimados por criaturas com um cérebro mais desenvolvido e complexo do que o nosso. Ele nasceu numa família pobre, nos arredores de Londres, em 1866, sete anos depois da publicação de *A origem das espécies*. E cresceu sob a influência da teoria de Darwin. Doente do pulmão desde muito cedo, passou tempo demais na cama durante a infância, lendo e pensando, naquela atmosfera tensa da Londres vitoriana. Quando tinha dezoito anos, entrou na Normal School of Science e estudou ciências naturais com Thomas Henry Huxley, que era conhecido (e se autodenominava) como Buldogue de Darwin.

THOMAS HENRY HUXLEY

O zoólogo inglês Thomas Henry Huxley foi um dos inúmeros correspondentes de Darwin. Logo após a publicação de *A origem das espécies*, Huxley se notabilizou como o principal defensor e divulgador das ideias de Darwin. Sua atividade não se limitava à comunidade científica; ele buscava alcançar, especialmente, os leigos. O Buldogue de Darwin, como passou a ser chamado, compunha artigos de jornais, discursos e palestras destinadas ao grande público, de modo que sua dedicação foi, de certa maneira, responsável pela popularização não apenas das ideias darwinianas, mas da figura do próprio Charles Darwin.

Em uma ocasião notória, no ano de 1860, Huxley compareceu a um debate público na Universidade de Oxford no qual falou o bispo Wilberforce, figura influente na Inglaterra vitoriana. Segundo relatos, na ocasião, Wilberforce, que ridicularizava a teoria de Darwin, teria perguntado a Huxley maliciosamente se era por parte do avô ou da avó que ele descendia dos macacos. Ao que Huxley supostamente respondeu que não teria vergonha alguma em ser parente de um macaco — pior era ter relações com um homem que se valia de grandes dons de oratória para obscurecer a verdade.

Thomas Henry Huxley em autorretrato feito em um de seus cadernos, supõe-se que para divertir seu filho pequeno (c. 1857)

Quanto a H. G. Wells, ele nunca atuou como cientista, mas formou-se num contato muito próximo com as ciências naturais, que estavam se transformando radicalmente com a publicação do livro de Darwin — é bom lembrar que mesmo a palavra "cientista" era muito recente naquele momento. Wells alimentou-se dessas transformações para criar seus mundos de ficção científica.

Em *A guerra dos mundos*, publicado em 1897, há um inimigo que chega de fora e que, segundo o autor, trata os seres humanos como nós trataríamos os outros animais. Esse cenário criado por Wells está diretamente relacionado com a ideia, nova naquele momento, de que o ser humano é um animal como todos os outros; o entendimento, que nasceu junto da teoria de Darwin, de que o ser humano está sujeito às mesmas leis da natureza que todos os outros animais; e que o acaso atua nessas leis, e as condições que hoje são favoráveis para uma espécie podem se transformar a qualquer momento. Em *A guerra dos mundos*, as condições se tornam desfavoráveis para os humanos quando surge um ser mais desenvolvido, com um cérebro e um corpo muito mais complexos, e que presta tanta atenção à correria desesperada das pessoas quanto elas teriam prestado atenção à confusão de formigas que escapassem de um formigueiro pisoteado.

E quem poderia enxergar a humanidade como a humanidade enxerga os insetos?

Marcianos. Que invadiram o planeta Terra, porque Marte está *superpovoado*.

> Por que essas coisas são permitidas? Quais foram os pecados que cometemos? O trabalho da manhã já tinha terminado, eu estava andando pela rua para arejar a cabeça para a tarde, e então — fogo, terremoto, morte! Como se fosse Sodoma e

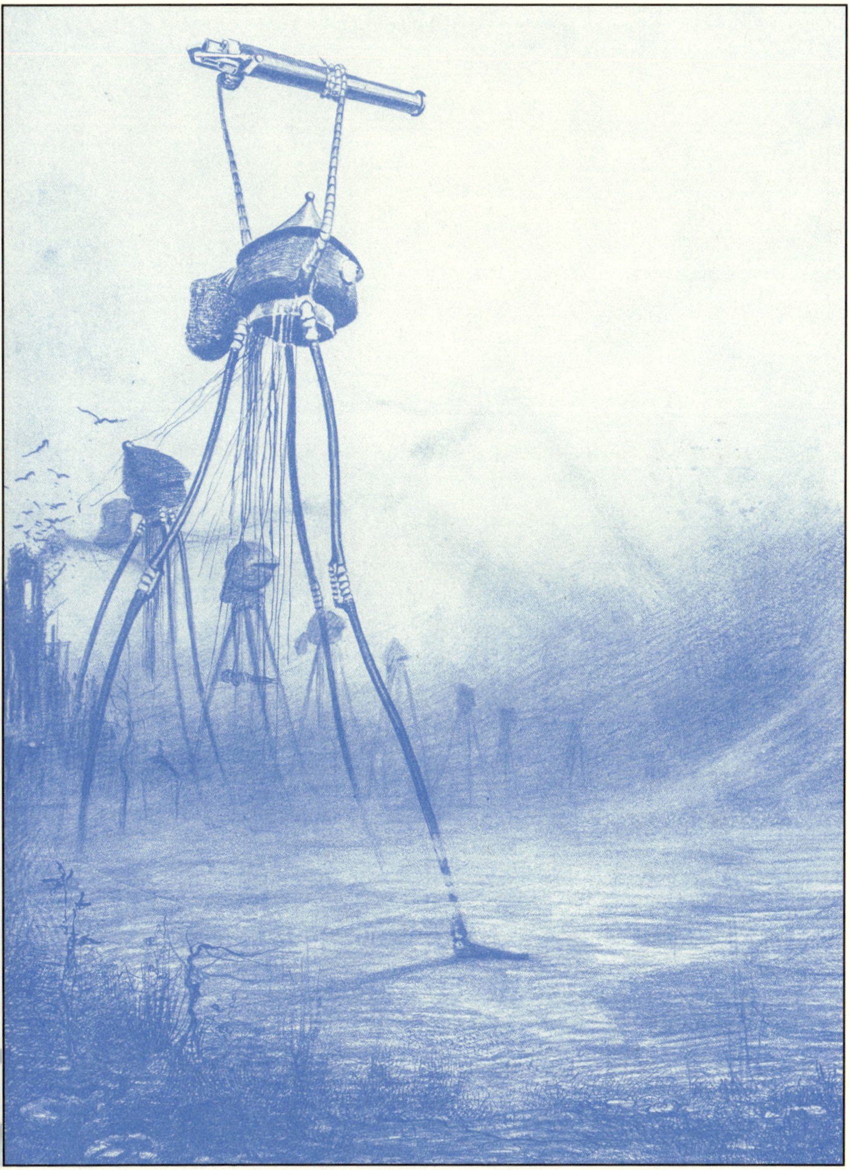

Ilustrações feitas para a edição francesa de 1906 de A guerra dos mundos, *de H. G. Wells, pelo artista brasileiro radicado na Bélgica, Henrique Alvim Corrêa*

> Gomorra! Todo o nosso trabalho desfeito, todo o trabalho...
> O que são esses marcianos?
> O que somos nós?[23]

Marcianos que são, na verdade, simplesmente cabeças, com olhos escuros e um bico carnudo. Ao redor desse bico, dezesseis tentáculos se dispõem, oito de cada lado. E eles nos olham de longe: avistam o planeta Terra através de instrumentos que mal podemos conceber.

> Noite passada, mais ou menos às sete horas, os marcianos saíram do cilindro. As armas foram completamente inúteis contra as armaduras; os canhões de campanha foram desativados por eles.[24]

Esses seres eram cérebros complexíssimos, que governavam naves com três pés parecidas com aranhas, que dizimavam multidões e destruíam cidades lançando raios mortais.

> "Isso não é uma guerra", disse o artilheiro. "Isso nunca foi uma guerra, da mesma forma como não haveria uma guerra entre homens e formigas. [...] As formigas constroem as suas cidades, vivem as suas vidas, têm as suas guerras, as suas revoluções, até que os homens querem afastá-las do caminho, e então elas se afastam do caminho. É o que nós somos agora — apenas formigas."
> "Somos formigas comestíveis."[25]

* * *

Charles Darwin está no seu jardim, com uma lupa na mão:

> Certa feita, tive a sorte de presenciar uma migração de um formigueiro a outro; foi um espetáculo dos mais interessantes contemplar [as formigas escravizadoras] [...] cuidadosamente trazendo os escravos nas mandíbulas.[26]
>
> Numa noite, eu visitei outra comunidade de [formigas do gênero] *Sanguinea* e encontrei certo número dessas formigas entrando no formigueiro e carregando consigo cadáveres da [formiga] *Fusca* [...], além de numerosas pupas. Acompanhei a fileira em que o butim era trazido, e ela se estendia por cerca de 36,5 metros até um pequeno matagal bastante espesso, do qual vi emergir a última [formiga] *Sanguinea*, carregando uma pupa; mas não consegui encontrar o desolado formigueiro em meio à espessa mata. Mas ele deveria estar por perto, pois [duas ou três formigas *Fusca*] corriam por ali, agitadas, enquanto outra permanecia imóvel, sobre as ruínas de seu lar, segurando a própria pupa em sua boca.[27]

* * *

A partir de agora, estamos entrando em um cenário diferente daquela Londres caótica e acelerada: um lugar calmo, fora do tempo. É a casa de Charles Darwin, numa cidade bem pequena na Inglaterra, chamada Downe. O Darwin estudante, que gostava de colecionar besouros, agora é o Darwin adulto, que observa formigas, coleciona fatos, provas e exemplos para amadurecer uma teoria. Na sua autobiografia, ele conta que foi logo depois de ler Malthus que, finalmente, entendeu que tinha de fato uma teoria com a qual trabalhar. E agora era preciso provar que essa teoria funcionava.

Era uma teoria que o assustava. Darwin tinha medo das próprias ideias. Escreveu em um de seus cadernos "cuidado", em português, mesmo, ou espanhol — talvez tenha aprendido a palavra durante a viagem do *Beagle*.[28] *Cuidado*: havia algo de extremamente subversivo, revolucionário, no que ele desenvolvia. Que suas ideias seriam rejeitadas pela religião, isso já era claro. Mas ele também sabia que essa teoria poderia ser prontamente recusada inclusive pela comunidade científica, pelos seus professores que o tinham acolhido quando ele voltou de viagem, aqueles mesmos homens que o ajudaram a fazer o próprio nome, a própria fama.

> Enfim chegaram os raios de luz e estou quase convencido (contrariamente ao que pensava no início) de que as espécies não são (é como confessar um assassinato) imutáveis. Penso que descobri (que presunção!) a simples maneira pela qual as espécies se adaptam tão maravilhosamente a diversos fins.[29]

A demonstração de que as espécies se transformam não era um ponto pacífico, e causaria muita polêmica dentro do contexto intelectual e científico vitoriano. Um cientista importante dessa época, Adam Sedgwick, chegou a dizer que defender uma ideia como essa era algo tão horroroso que só uma mulher seria capaz de um pensamento assim; mas que, por outro lado, mulher nenhuma poderia sustentar uma noção tão desagradável.[30] Ao mesmo tempo, sabemos que o próprio avô de Darwin já tinha dito algo nessa linha, de uma forma ou de outra. A evolução era uma polêmica que fazia parte das discussões do século 19, e isso, por si só, não seria algo tão inovador e chocante. Você já leu aqui, por exemplo, sobre a inimizade entre Lamarck e Cuvier — Lamarck acreditava que as espécies se transformavam, e Cuvier se recusava a aceitar essa possibilidade.

A radicalidade de Darwin, na sua teoria de que as espécies não eram imutáveis, estava — entre outros aspectos — na ausência de distinções de valor entre as espécies. Não havia mais a superioridade do homem em relação aos outros animais. Por mais complexa que fosse a mente humana, por mais que pudesse chegar a teorias geniais ou revolucionárias, para Darwin ela seria um simples produto de um órgão do nosso corpo — o cérebro.

MIL: Uma das contribuições dele foi acabar com o dualismo corpo e alma. Darwin deixa claro: o pensamento é uma propriedade emergente de uma matéria. E isso foi algo com que outros naturalistas tiveram muita dificuldade de lidar.

Nos cadernos do Darwin, ele diz: a mente é uma função do corpo. E, se a mente não é mais do que uma função do corpo, uma ilusão, então o que seria tudo aquilo que a mente produz? Ilusões de uma ilusão... Se somos parentes de todos os outros seres vivos, e parentes próximos dos grandes primatas, o que é que nos diferenciaria deles? Nós teríamos alma e eles não? Mas em que momento da variação das espécies, então, a alma teria se desenvolvido na espécie humana? Questões como essas surgiam aos montes, e alimentavam a preocupação de Darwin sobre a recepção da sua teoria.

MIL: Quem vive no mundo pós-darwiniano não consegue dimensionar o impacto moral que havia em dizer que as espécies não eram fixas. A gente já tem isso por garantido, porque ele teve coragem, teve estômago — por mais que tenha vomitado muito no *Beagle* e em casa —, ele teve estômago para deixar esse legado para a gente. Ele dedicou a vida a ser uma pessoa coerente, respeitada, para poder fazer essa contribuição.

Darwin sabia que suas ideias não poderiam ser levadas a público de uma hora para outra; sabia que seria preciso desenvolver uma estratégia para apresentar sua teoria ao mundo. Tanto que, já no final da década de 1830 e começo de 1840, ou seja, cerca de vinte anos antes da publicação de *A origem das espécies*, Darwin escreveu o que chamou de um "desenho a lápis", no qual juntava as peças da teoria. Mas não quis publicar esse ensaio. No lugar disso, escreveu uma carta para a sua esposa, Emma, que só deveria ser aberta no caso de uma morte prematura (ele passava tanto tempo doente que seu medo não era apenas escandalizar a sociedade, mas também morrer antes de ter conseguido fazer isso). Na carta, Darwin fazia recomendações e indicações para a publicação desse esboço caso ele mesmo não vivesse o suficiente para divulgá-lo.

PPP: O livro tem uma história fascinante. Darwin chegou a uma primeira versão da teoria da seleção natural com transmissão hereditária em 1842. É o primeiro esboço. Em 1844, ele faz um ensaio em que a teoria está praticamente resolvida. Ali, já podemos ver o arcabouço de *A origem das espécies* pronto, a teoria já está formulada. Ora, mas ele percebe que a teoria é ousada demais para a quantidade de dados que tem, e que precisa reunir mais dados.

CARTA DE CHARLES DARWIN A EMMA DARWIN EM 5 DE JULHO DE 1844

Minha querida Emma,

Acabo de completar o esboço da minha teoria das espécies. Se estou certo em crer que minha teoria é verídica e se ela for aceita por uma única opinião válida que seja, será um avanço significativo para a ciência.

Portanto, escrevo-lhe isto para que, no advento de minha morte repentina, este seja meu último e mais solene pedido (tenho certeza de que você o honraria como se estivesse inscrito por lei em meu testamento): que você separe quatrocentas libras para sua publicação [...]. Desejo que meu esboço seja entregue a uma pessoa competente, e que esse montante a incentive a esforçar-se para melhorá-lo e aumentá-lo. Deixo a ela todos os meus livros de história natural, que estão ou grifados ou com referências marcadas no pé de página, e imploro que ela leia e considere com atenção tais passagens, pois elas têm ou podem ter relevância para o assunto. Peço que você faça uma lista de todos esses livros para que sirvam de tentação a algum editor. Também gostaria que fossem entregues a ela todos aqueles fragmentos que estão mais ou menos divididos entre oito ou dez pastas de papel marrom: os fragmentos com citações copiadas de várias obras são os que poderão ajudar meu editor. Também desejo que você (ou um amanuense) auxilie na decifração de qualquer um dos fragmentos que o editor julgar de alguma utilidade. Deixo a cargo do editor decidir se esses fatos devem ser incorporados ao texto ou inseridos como notas, ou como apêndices. Como o trabalho de conferir as referências e os fragmentos será razoavelmente demorado, deixo o montante de quatrocentas libras para servir de alguma remuneração, assim como qualquer lucro que a obra tiver. Creio que o editor deverá certamente conseguir publicar o esboço, seja com alguma editora, seja por conta própria. Muitos dos fragmentos nas pastas contêm apenas sugestões vagas e opiniões preliminares que já não servem mais, e muitos dos fatos se mostrarão irrelevantes para a minha teoria.

Quanto aos editores: O sr. Lyell seria o ideal, se ele aceitasse a empreitada: acredito que ele teria prazer em realizar o trabalho e poderia aprender alguns fatos que ainda desconhece. É preciso que o editor seja um geólogo, além de naturalista. [...]

Se mais cem libras puderem fazer a diferença na hora de encontrar um bom editor, peço seriamente que você eleve o valor para quinhentas libras.

O restante da minha coleção de história natural pode ser dado a qualquer pessoa ou museu que o aceite.

Minha querida esposa, seu afetuoso,

C. R. Darwin

PS: Se houver qualquer dificuldade em encontrar um editor que aceite a imersão no assunto, refletindo sobre a relevância das passagens marcadas nos livros e copiadas nos fragmentos de papel, peço então que meu esboço seja publicado da maneira como está, e que se diga que ele foi realizado há muitos anos e de memória, sem consulta a outras obras e sem que houvesse a intenção de publicá-lo na forma presente.
PPS: Lyell, sobretudo com a ajuda de Hooker (e qualquer boa ajuda zoológica) seria o melhor de todos.

Sem um editor que se comprometa a dedicar-lhe seu tempo, não faria sentido pagar tamanho valor.[31]

Darwin então traçou uma estratégia. Mesmo com suas preocupações em relação à própria saúde, ele permaneceu vivo, apesar de debilitado (em uma carta, comemora com entusiasmo o fato de ter passado 52 horas sem vomitar).[32] E, durante esses vinte anos de elaboração da teoria, antes da publicação do livro, ele parecia quase duas pessoas diferentes: de um lado, o cientista com uma ideia transgressora e revolucionária; de outro, o bom cidadão inglês, temeroso, polido, discreto, que foi viver numa casa de campo, a que chamou de Down House, e cultivar um jardim.

Um jardim com três pomares, canteiros, três gramados, e muito espaço para plantar; onde Darwin construiu um pombal para criar e cruzar raças de pombos — um gosto comum entre os ingleses ricos, mas que para ele foi muito mais do que um hobby. Um jardim onde passeava todos os dias pelo Caminho de Areia e observava o esforço das plantas pela sobrevivência; onde construiu uma estufa aquecida, para fazer experiências com orquídeas e prímulas; onde plantou aveleiras, amieiros, limoeiros, bétulas, ligustros.[33] Um jardim que era o seu maior laboratório, onde seus filhos cresceram e o ajudaram em experimentos; onde, até o fim da vida, Darwin permaneceu curioso, experimentando: convidando Emma a tocar piano para minhocas para ver se elas reagiam mais às notas graves ou às agudas.[34]

Darwin criou o seu próprio mundo. Ele decidiu se afastar da vida movimentada de Londres para construir sua casa em uma cidade pequena, distante de estações ferroviárias — uma cidade que parecia parada no tempo, congelada numa era anterior à Revolução Industrial. Na contramão do crescimento populacional da capital da Inglaterra, a cidadezinha de Downe tinha, em 1861, não mais do que 500 habitantes; e, vinte anos depois, 550. Darwin foi viver em uma espécie de ilha, longe das tensões e medos da superpopulação.

Uma sobrinha da família, depois de um final de semana na Down House, disse que por ali já havia monotonia o suficiente; para variar, seria bom se eles tivessem também algum pequeno vício.[35]

Foram oito anos num trabalho longo e meticuloso de descrição e classificação de um grupo zoológico chamado *Cirripedia*, ou cracas; Darwin escreveu quatro grandes tomos sobre a taxonomia e a história natural das cracas. Mas a questão, talvez, não fosse apenas as cracas, especificamente. Ele tinha, com a teoria da seleção natural, uma revolução em mãos — e precisava se tornar especialista em alguma coisa, pensando nas estratégias para levar essa revolução a público.

MIL: Foi nesse momento que ele fez um recuo e percebeu que precisava estudar um grupo, tornar-se um sistemata, um taxonomista, um especialista na questão da espécie. Esse trabalho foi muito importante, porque permitiu a Darwin olhar para a questão da variabilidade das populações de uma forma que todo taxonomista enfrenta no laboratório. O trabalho de estabelecimento de uma nova espécie pode parecer muito trivial para os leigos, mas não é: é um trabalho que exige um exame extremamente cuidadoso dos exemplares disponíveis e comparações entre eles para que se possa estabelecer os limites do que é de fato uma espécie, o que é uma variação.

Darwin estava convencido de que não poderia vir à tona com uma teoria tão ousada quanto a sua sem antes se mostrar publicamente como um naturalista sólido, meticuloso — alguém que sabe muito bem do que está falando. Por causa disso, ele passava tantas horas trabalhando com cracas em seu escritório que um dos seus filhos, quando foi visitar um vizinho, achou estranho não encontrar ali nenhuma mesa de dissecação ou microscópio, e perguntou: "Mas então onde ele guarda as cracas dele?".[36]

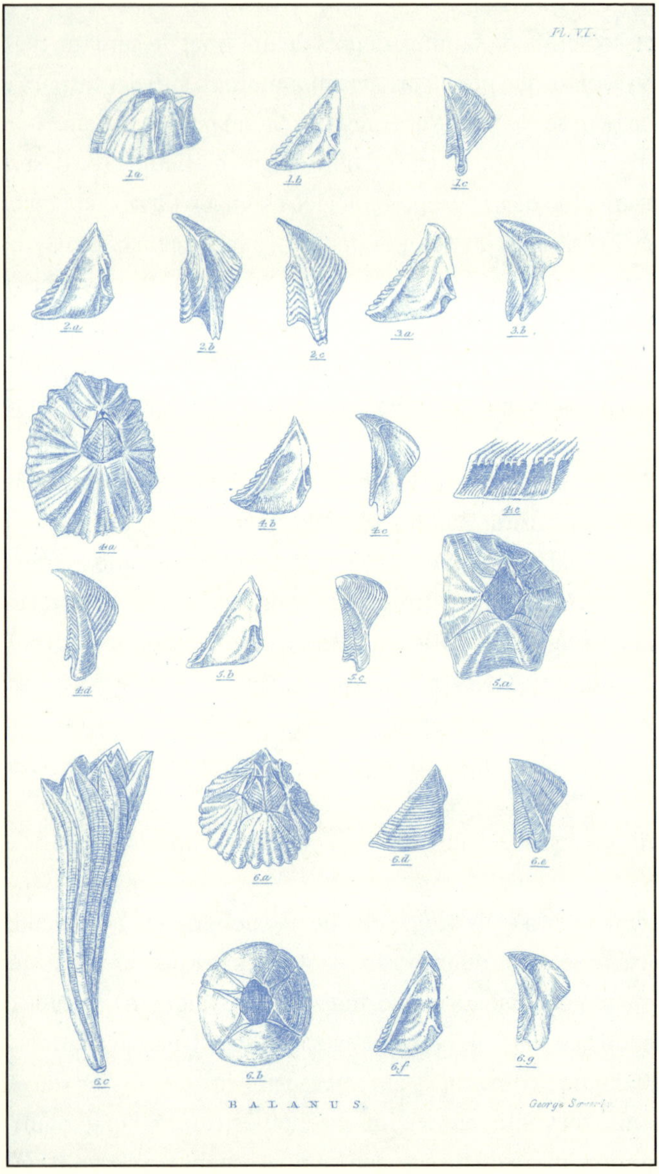

Imagem presente na monografia de Charles Darwin sobre a subclasse Cirripedia, *com figuras de todas as espécies*

As cracas eram monstrinhos deformados, segundo Darwin. Mas ele dedicava de duas a três horas de seu dia a elas — um tempo considerável, se lembrarmos que ele vivia doente. Foram oito anos entre cracas e a vida inteira entre cartas, trocadas aos montes com inúmeros outros cientistas. Darwin estava longe do mundo, mas, ainda assim, estava decididamente *no mundo*. O que nos faz pensar — agora, na segunda década do século 21, quando muitos tiveram que se retirar para dentro de suas casas no contexto da pandemia de Covid-19 — sobre como é fazer parte do mundo à distância. Hoje, temos a internet. Mas Darwin, muito antes da internet e do celular, criou uma rede própria: uma rede de correspondências. No total, ele escreveu quase 14 mil cartas. Seu escritório, no meio do nada, era um centro — um centro de pesquisa, de descobertas, de comunicação. É uma virada curiosa: ele chegou aonde chegou com sua teoria porque, em primeiro lugar, *foi ao mundo*, fez a viagem que outros naturalistas não viam necessidade de fazer. Essa é a primeira parte da história; a segunda parte se deu nesse recolhimento. Darwin foi talvez um caso raro de sujeito que soube reconhecer quais eram suas próprias necessidades em cada momento; que soube do que realmente precisava, e quando precisava do quê.

Num momento de inspiração, Darwin chegou a pendurar um espelhinho perto da janela para conseguir ver o carteiro chegando sem precisar se levantar da mesa de trabalho. Esse espelhinho permaneceu ali até o final de sua vida. Foi uma vida reclusa e, ao mesmo tempo, superpovoada. Foi lenta — foram oito anos dedicados às cracas, e ele mesmo diria, no final da vida, que duvidava que o trabalho tivesse merecido todo esse tempo — e, ao mesmo tempo, plenamente ocupada, com tarefas e descobertas que não acabavam. E Darwin teve dez filhos.

A VISÃO DAS PLANTAS

Francis Darwin, um dos filhos que ajudavam nos experimentos do pai, tornou-se botânico. As pesquisas de Charles Darwin usando fontes de luz e brotos de plantas já mostravam que os vegetais sabem se direcionar e se posicionar para se aproximar dos raios de luz. Mas Francis Darwin foi além: ele postulou, no começo do século 20, que as folhas das plantas teriam organelas com células fotossensíveis e células análogas a lentes. Outro botânico do mesmo período, Harold Wager, fez experimentos fotográficos que tentavam demonstrar como seria essa "visão" das plantas. Tais ideias foram deixadas de lado por muitos anos, mas atualmente neurocientistas de plantas, como o eslovaco František Baluška, retomaram o estudo sobre a inteligência e os sentidos dos vegetais, com atenção a suas formas de "enxergar".

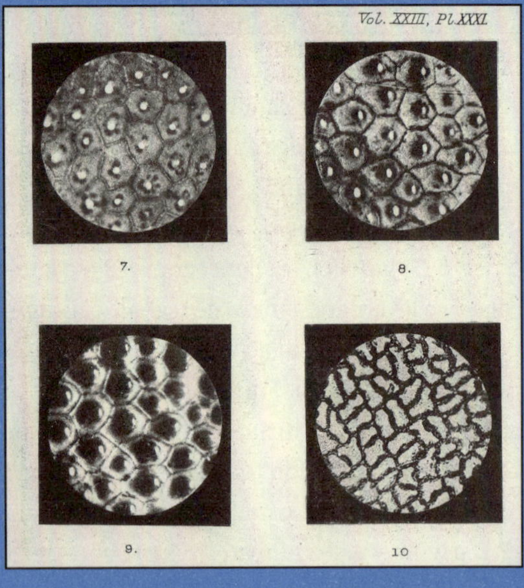

A percepção da luz pelas plantas, em fotografias experimentais de Harold Wager (reprodução de 1909)

MIL: Ele teve dez filhos, mas sete sobreviveram. E ele tinha uma relação afetuosa com essas crianças, era um pai carinhoso. Uma evidência disso, por exemplo, é que a gente tem pouquíssimos remanescentes do manuscrito do *A origem das espécies*, e muitos deles são desenhados pelos filhos no verso, porque ele aproveitava papel. Então os meninos entravam no escritório e Darwin dava papel para eles desenharem.

* * *

Durante os vinte anos que Darwin dedicou ao amadurecimento de *A origem das espécies*, recluso na Down House, o mundo não ficou parado. Como vimos, a população de Londres crescia vertiginosamente: na velocidade da Revolução Industrial. O século 19 começa quando abandona a vida rural, de ovelhas, paróquias e vilarejos; torna-se rapidamente o século das máquinas, da locomotiva, do automóvel, do balão; no fim do século — e isso é um verdadeiro salto —, a fotografia e o cinema são inventados.

O tempo acelerava, e a escrita também: afinal, o tempo também se traduz nos livros. Um escritor como H. G. Wells escrevia num *estilo* acelerado. Tudo acontece com muita rapidez em *A guerra dos mundos* — em pouco mais de cinquenta páginas, os marcianos já chegaram à Terra, mataram centenas de pessoas com seus raios mortais e se encaminharam para Londres. Não é à toa que os livros de Wells acabaram por originar filmes nos séculos 20 e 21: há algo cinematográfico na sua escrita. E o próprio cinema se origina a partir dessa aceleração do mundo: é uma linguagem que pode acelerar, fixar ou reverter o tempo — *Máquina do tempo*, inclusive, é o título de um outro livro de H. G. Wells. Ele é um escritor que, de certa forma, antecipa o cinema. Ele cria mundos, imagina possíveis fins do mundo, e escreve passagens de ação que — para nós que lemos hoje e já conhecemos muito bem a experiência cinematográfica — podem trazer a sensação de que estamos assistindo a um filme.

> Toda a população da grande cidade de seis milhões de habitantes se agitava, escapava, corria; agora começava a fluir em massa em direção ao norte.
> "Fumaça negra!", as vozes gritavam. "Fogo!"
> Os sinos da igreja da vizinhança faziam um tumulto estridente; uma carroça, conduzida sem cuidado, foi esmagada, entre gritos e maldições, contra o bebedouro no alto da rua. Nas casas, luzes amarelas se moviam de um lado para o outro, e alguns dos cupês passavam ainda com as luzes acesas, tremulantes. E, acima das cabeças, o amanhecer ficava mais brilhante, claro e calmo.[37]

De um lado, a aceleração do mundo; do outro, a lentidão de Darwin. Se compararmos a rapidez dos livros de Wells com a forma de escrita de Darwin, se lembrarmos dos diários que ele escreveu enquanto viajava no *Beagle*, daquele tom contemplativo de quem olha para um rio e se pergunta sobre a eternidade dos oceanos... então, realmente, parecem velocidades quase incompatíveis. Nos diários de bordo de Darwin, há páginas e mais páginas que descrevem os hábitos de animais, e não só de animais cinematográficos — Darwin não está preocupado em falar apenas de onças ou leões. Ele dedica a mesma atenção a animais que não provocam nenhum tipo de emoção arrebatadora: ninguém tem palpitações quando vê cracas ou um tuco-tuco. Mas o tuco-tuco está ali, cego e simpático debaixo da terra. E Darwin também está ali: olhando para o roedor, com dedicação. Também em *A origem das espécies*, há inúmeras páginas sobre a criação de pombos, por exemplo.

Ctenomys magellanicus, *o tuco-tuco, do popular livro de divulgação científica alemão* Vidas animais de Brehm, *de Alfred Edmund Brehm, 1896*

Darwin passou vinte anos em casa, amadurecendo uma ideia; uma ideia que teve em meados de 1830, mas que só levou ao mundo no final da década de 1850. A ideia não mudou tanto assim, mas Darwin acumulou mais fatos e mais exemplos para comprová-la. Só que o mundo já não era mais o mesmo.

Se pensarmos no Darwin estudando cracas em seu escritório, ou observando formigas e minhocas no jardim, pode parecer que ele estava desconectado da velocidade com que o mundo mudava. Mas não é bem isso: talvez possamos pensar que Darwin estava, na verdade, conectando tempos diferentes. Ele olhava para um tempo profundo, um tempo geológico inconcebível pelo homem, os milhões de anos que transformaram as espécies a partir de um ancestral em comum, e trabalhava para apresentar esse tempo a um mundo que se acelerava cada vez mais.

Darwin aguçava os seus ouvidos, ouvia outros tempos, apressava-se lentamente. Vivia tanto no mundo das pessoas, de transformações velozes, com os cronômetros que mediam a hora certa em qualquer lugar, com o tempo global; quanto num mundo de transformações tão lentas que nenhum cronômetro, nenhum ponteiro inventado pelo homem seria capaz de medir: os milhões de anos das transformações das espécies.

Um dos lemas do brasão da família Darwin era *cave et aude*, "observa e escuta" em latim. Darwin foi viver numa cidade pequena, retirada do mundo, e estava ali, observando e escutando — e percebendo o tamanho do tempo.

Brasão da família Darwin

O tempo dá alguma dimensão do quanto somos minúsculos. A espécie humana é fruto de uma pilha infinita de acasos; poderíamos muito bem nunca ter surgido. Mas surgimos, e agora — que coincidência! — estamos aqui.

MARCIANOS

Caso você esteja se perguntando: no final das contas, os marcianos não venceram a espécie humana. E isso porque, embora fossem mais complexos do que nós, eles não eram mais bem-adaptados. No livro, eles morrem não porque perderam a batalha contra os humanos, mas porque, segundo H.G. Wells, em Marte não haveria microrganismos. Em *A guerra dos mundos*, os marcianos são extintos no planeta Terra por causa de uma epidemia causada por uma bactéria.

> [...] graças a esta seleção natural da nossa espécie, desenvolveu-se em nós o poder de resistência; não sucumbimos a nenhum germe sem uma luta, e a muitos deles — os que causam a putrefação da matéria morta, por exemplo — os nossos corpos vivos são totalmente imunes. Mas não existem bactérias em Marte e, mal estes invasores chegaram, mal comeram e beberam, os nossos aliados microscópicos começaram a trabalhar para a sua destruição.[38]

* MINICAPÍTULO *

Dois poetas românticos

Uma dupla de poetas otimistas contra um clérigo pessimista

Quando Thomas Malthus publicou *Ensaio sobre a população*, em 1798, prevendo que os recursos disponíveis não seriam suficientes para sustentar a população crescente, ele não era o único que olhava a situação da Inglaterra com preocupação. Esse ano, 1798, foi um ano-chave para a literatura inglesa, porque foi o mesmo da publicação de outro livro que fazia testemunho da precariedade da condição social da população rural na Inglaterra — que mostrava sua miséria. Mas esse livro tomava o partido dos menos favorecidos, colocava-se ao lado da população pobre. Era um pequeno volume de poemas, com um título que poderia muito bem ter passado batido. Chamava-se *Lyrical Ballads* [Baladas líricas] — o que é quase como dizer "poemas poéticos". E foi escrito por dois jovens de classe média, ou até, podemos dizer, classe média baixa: William Wordsworth e Samuel Taylor Coleridge.

Coleridge, Wordsworth e Malthus, curiosamente, tinham o mesmo editor. Quando os dois poetas foram entregar os manuscritos das *Lyrical Ballads*, o editor aproveitou a ocasião para apresentar-lhes um volume que acabara de sair. Era, justamente, o *Ensaio sobre a população*.

Wordsworth e Coleridge leram Malthus e detestaram o livro. "Que tristeza", lamentou Coleridge. "Que tristeza [...], que as falácias [...] monstruosas de Malthus tenham capturado por completo os líderes de nossa nação! Tamanha falsidade moral, na essência — e tamanhas mentiras nos dados e fatos ainda por cima!"[39] Eles acharam aquilo um desrespeito profundo, um erro, porque a visão de Malthus desconsiderava a dignidade humana — a dignidade que toda pessoa, seja rico, seja pobre, tem. Para eles — que tinham colocado grandes esperanças na Revolução Francesa, nas ideias de igualdade, liberdade e fraternidade —, a dignidade humana universal era uma questão de primeira importância. Por isso, escreviam numa linguagem simples poemas que narravam a vida de pessoas marginalizadas: Wordsworth queria escrever do jeito como se falava, na língua das pessoas comuns, para mostrar, pela poesia, a beleza e a importância que tem a vida delas. As vidas de pessoas pobres: as mesmas para quem Malthus olhava pensando que o mundo seria melhor se houvesse menos delas, se fosse possível controlá-las para que não nascessem numa quantidade tão grande.

O próprio Malthus, na verdade, tinha um passado que renegava. Ele vinha de uma família que acreditava nos mesmos ideais republicanos e iluministas de Wordsworth e Coleridge. Os pais de Malthus defendiam os direitos dos homens e, inclusive, os direitos das mulheres. Conta-se que seu pai não queria sequer que a esposa usasse aliança, para não ter que carregar na mão um símbolo do patriarcado. Malthus cresceu nesse ambiente, foi educado por essa família libertária. E, quando decidiu ir ao mundo com suas ideias, para fazer um nome para si mesmo, talvez houvesse um tom de revolta ali, uma vontade de desafiar o que ele tinha aprendido em casa com os pais.

Já Wordsworth e Coleridge faziam piqueniques nas montanhas, dançavam em volta de fogueiras e conversavam com todo tipo de gente. Adoravam a ideia de um mundo livre, onde as pessoas pudessem ser quem são e onde todos merecessem respeito simplesmente por serem humanos. Eles escreveram muitos poemas e panfletos defendendo apaixonadamente essas ideias. Coleridge ainda levava aquilo mais adiante e defendia também o direito dos animais: escreveu, por exemplo, um poema bem dramático sobre um burrinho preso a uma corrente, no qual ele o chama de "pobre cavalinho de uma raça oprimida" e diz ainda: "eu amo a paciência lânguida do seu rosto".[40] Em outro poema, Coleridge diz suspeitar que seria impossível não amar um mundo assim, tão povoado.[41] O maior medo de Malthus era a maior fonte de alegria para Coleridge.

Já Wordsworth, que, naquela época, era vizinho de Coleridge — os dois passavam os dias conversando e escrevendo poemas, e conversando sobre os poemas e escrevendo sobre essas conversas —, reagiu a Malthus escrevendo alguns versos sobre o que a leitura lhe havia provocado. Malthus não é citado nominalmente, mas dá para perceber, em seus versos, duas coisas: a acusação contra os livros que nos enganam e nos separam uns dos outros e, em seguida, a certeza de que, apesar de tudo, existe algo que nos une. Algo que nos une independentemente das "marcas exteriores", sociais. Wordsworth escreve assim:

> ***Sim, nessas caminhadas, senti profundamente***
> ***Como nós enganamos uns aos outros e, acima de tudo,***
> ***Como os livros nos enganam, quando buscam atingir a fama***
> ***Entre as opiniões de uns poucos abastados, que veem***
> ***Tudo por luzes artificiais; como esses livros rebaixam***
> ***As massas para o prazer daqueles poucos;***
> ***Covardes, [são livros que] achatam a verdade***
> ***Para transformá-la em algumas noções gerais, só***
> ***Para se fazerem entender de imediato [...]***
> ***Cheios de ambição, [os livros] destacam***
> ***As diferenças, as marcas exteriores com que***
> ***A sociedade separa um homem do outro homem,***
> ***E ignora o coração universal.*** *

---

* *Yes, in those wanderings deeply did I feel/How we mislead each other; above all,/How books mislead us, seeking their reward/From judgments of the wealthy Few, who see/By artificial lights; how they debase/The Many for the pleasure of those Few;/Effeminately level down the truth/To certain general notions, for the sake/Of being understood at once,* [...]*/they most ambitiously set forth/Extrinsic differences, the outward marks/Whereby society has parted man/From man, neglect the universal heart.* William Wordsworth, versos de *The Prelude*, livro XIII, de 1850. In: Jonathan Wordsworth (Org.). *The Prelude: The Four Texts (1798, 1799, 1805, 1850)*. Londres: Penguin Classics, 1995.

THE ORIGIN OF

BY MEANS OF NATURA

OR THE

PRESERVATION OF FAVOURED R
FOR LIF

By CHARLES DA

FELLOW OF THE ROYAL, GEOLOGICA

(JOURNAL OF RESEARCHES

CAPÍTULO

* 5 *

As histórias não nascidas

A história da publicação de A origem das espécies *e algumas histórias — visíveis e invisíveis — contidas neste livro*

Há tantas histórias não nascidas. Oh, esses coros lastimáveis entre as raízes, essas conversas, esses monólogos inesgotáveis no meio das improvisações que irrompem de súbito! Será que teremos paciência suficiente para escutá-los? Antes da mais antiga história ouvida havia outras que vocês não ouviram, havia predecessores anônimos, romances sem título, epopeias enormes, pálidas e monótonas, bilinas amorfas, carcaças disformes, gigantes sem rosto ocupando o horizonte [...].

BRUNO SCHULZ, *SANATÓRIO SOB O SIGNO DA CLEPSIDRA*[1]

É manhã de sexta-feira, dia 6 de agosto de 1852. Faz 26 dias que estamos no meio do oceano Atlântico, em um barco a vela relativamente pequeno, um brigue, chamado *Helen*. No porão desse barco, estão guardados muitos espécimes raros, vários deles novos e desconhecidos para os ingleses — todos foram coletados nos últimos quatro anos, no meio da floresta amazônica brasileira. São potes cheios de peixes, insetos, periquitos, e há inclusive alguns espécimes vivos, como três macacos e um cão selvagem. Mas, nessa sexta-feira de agosto, o capitão se aproxima, com o rosto pálido, e diz: “Temo que o barco esteja pegando fogo. Venha e veja o que você acha”.

Foi para um jovem explorador inglês que o capitão disse isso. Foi ele quem passou quatro anos na Amazônia brasileira, coletando espécimes valiosos, fazendo registros, descobrindo espécies novas, em busca da solução do *mistério dos mistérios*: a origem das espécies. Ele está com 29 anos. Dez meses antes, ainda na floresta — no meio da floresta —, esse jovem contraiu uma febre e quase morreu: "Enquanto estava naquele estado, a minha mente era constantemente ocupada, meio em pensamento, meio em sonho, por toda a minha vida passada e esperança futura, e pensando que talvez tudo isso estivesse condenado a terminar aqui, no Rio Negro".[2] Mas sua vida não terminou, ele conseguiu resistir à doença tropical e finalmente embarcou de volta para a Inglaterra, sua terra natal, levando consigo os registros que tinha feito e uma coleção de exemplares valiosos dos espécimes que havia coletado durante a expedição. Mas, naquela manhã do mês de agosto de 1852, depois de 26 dias atravessando o Atlântico, o capitão veio dizer que o barco parecia estar pegando fogo. O jovem foi com o capitão verificar: realmente, tinha fumaça subindo do convés. A tripulação, muito pequena, tentava de todo jeito apagar o fogo com baldes de água — mas não adiantou, não foi suficiente. O fogo em pouco tempo dominou a embarcação. O capitão pegou seu cronômetro, sua bússola, seu sextante, e a tripulação preparou o barco de resgate.

O jovem colocou dentro de uma caixinha os seus desenhos de peixes e de palmeiras, que por sorte estavam ao seu alcance. E, do barco de resgate, com só essa caixinha nas mãos, ele assistiu ao brigue *Helen* ser consumido pelo fogo e afundar no oceano.

> Foi agora, quando o perigo passou, que comecei a realmente sentir o tamanho da minha perda. Com que prazer eu observei cada inseto raro e curioso que acrescentei à minha coleção! Quantas vezes, quase vencido pela febre, me arrastei para a mata e fui recompensado com alguma espécie desconhecida e bela! Quantos lugares em que

> nenhum pé europeu exceto o meu tinha pisado teriam sido trazidos de volta à minha memória através dos pássaros e dos insetos raros que eles forneceram para a minha coleção! Quantos dias e semanas cansativos eu passei, sustentado apenas pela esperança de levar para casa muitas formas novas e belas daquelas regiões selvagens... E agora tudo se foi, e eu não tenho um único espécime para ilustrar as terras desconhecidas em que eu pisei, ou para trazer de volta a lembrança das cenas selvagens que testemunhei.[3]

Mas quem é esse jovem inglês que está em um brigue no meio do oceano Atlântico? Por que falar dele e do incêndio que viveu, no meio do mar, depois de anos na floresta amazônica? E por que abrir o capítulo final da nossa jornada justamente com essa história?

Esse é um jovem naturalista que gostava muito de besouros, e que viveu na Grã-Bretanha no período da rainha Vitória. Ele fez uma viagem para terras distantes, e enquanto viajava enviou os espécimes que coletava para sua terra natal; sua busca era solucionar o *mistério dos mistérios* — a origem das espécies, e a forma como elas se transformam. Esse jovem leu *Princípios de geologia*, de Charles Lyell — e o livro o marcou muito; ele foi para uma ilha e se deu conta de que as ilhas são o laboratório perfeito para entender a evolução. E, quando mais velho, ele passou a ter uma barba bem longa e bem branca.

Mas não estamos falando de Charles Darwin.

Darwin nunca viveu um incêndio num navio, nem perdeu todos os espécimes que tinha coletado em sua viagem no *Beagle* — como sabemos, ele enviou todas as amostras para a Inglaterra, em segurança. Depois de quatro anos e nove meses, voltou para casa, e teve todas as condições para amadurecer, no seu próprio tempo, uma teoria; todas as condições para escrever o seu grande livro.

Já o jovem que se chamava Alfred Russel Wallace, não.

Ele nasceu no País de Gales, catorze anos depois de Darwin e em circunstâncias bem diferentes: não era de uma família abastada nem inserida no meio científico e cultural da Inglaterra. As condições financeiras de seus pais eram ruins e foram ficando cada vez piores. Wallace não estudou em boas escolas nem foi conduzido pelo pai a estudar medicina, tampouco para ser clérigo; ele foi forçado a sair da escola quando tinha catorze anos. E teve que batalhar bastante para conseguir coisas que, para Darwin, foram entregues de bandeja. Darwin foi convidado a viajar no *Beagle* por seu professor quando estudava em Cambridge; Wallace não recebeu convite nenhum e, quando decidiu viajar, pegou carona em um navio. As despesas de Darwin durante a viagem foram pagas por seu pai; já Wallace teve que se autofinanciar, vendendo as várias coleções de espécimes que coletava.

Quando Wallace foi viajar para a floresta amazônica, no Brasil, Darwin já tinha deixado este país fazia muitos anos: ele estava havia bastante tempo instalado na Down House e tinha inclusive escrito (mas não publicado) um ensaio sobre a seleção natural — o ensaio que traria a solução do mistério que Wallace queria resolver, sem saber que outra pessoa já se aproximava disso. Wallace tinha lido com muito entusiasmo o relato que Darwin escreveu quando esteve no *Beagle*, e agora queria fazer a própria viagem. E fez. Alfred Russel Wallace passou quatro anos inteiros em terra, no Brasil.

Mas o que aconteceu quando ele chegou de volta à Inglaterra, depois do incêndio no navio, com as mãos vazias e só as lembranças de toda uma viagem para terras tropicais? Darwin, quando voltou para casa, começou os seus cadernos da transmutação e conheceu muitos outros cientistas, fez trocas, encomendou análises. Para Wallace, a primeira viagem não foi o bastante. Ele tinha acabado de fazer trinta anos, tinha reunido muitos dados, mas também havia perdido muita coisa; e, para ele, se inserir em uma rede de cientistas não era tão simples quanto para Darwin. Wallace ainda não tinha nem o vislumbre de uma teoria, e sentia que precisava viajar mais. Darwin, quando chegou, foi para a cidadezinha de Downe e nunca mais saiu de lá; Wallace, dezoito meses depois de ter aportado, decidiu embarcar de novo — dessa vez, para um outro novo mundo, para "talvez a parte mais desconhecida do globo para um homem inglês comum":[4] a Malásia.

Essa segunda viagem durou oito anos. Wallace realizou uma grande expansão das cartografias e dos registros zoológicos e botânicos da região, com centenas de espécies novas descobertas — principalmente besouros. Na região norte da ilha de Bornéu, em catorze dias ele coletou 320 espécies diferentes de besouros, sendo que, em um só dia, encontrou 76 variações, 31 delas totalmente novas. Muitas dessas espécies têm, até hoje, o nome de Wallace — como é o caso da *Ectatorphinus wallacei* e da *Chyiophalpus wallacei*.

"Nesse período, a questão sobre como as transformações das espécies podiam ter acontecido raramente saía da minha cabeça."[5]

Sapo-voador-de-wallace, do arquipélago malaio, por Alfred Russel Wallace

Wallace também leu Thomas Malthus, enquanto estava na Malásia, e também aplicou a teoria de Malthus aos animais e às plantas. O arquipélago malaio foi, para Wallace, algo parecido com o que Galápagos foi para Darwin: um laboratório ao ar livre, uma lente de aumento para observar a evolução das espécies. Com todos esses elementos rodando na sua cabeça, em 1858, nas ilhas Molucas, Wallace pegou malária e teve um delírio de febre. E, em pleno delírio, ele teve uma compreensão súbita.

* * *

Então, vamos agora olhar novamente para Darwin. Ele já não é mais tão jovem: tem quase 50 anos. Mora naquela mesma casa, em Downe, na Inglaterra, e vive passando mal, vomitando e trocando cartas com muita gente, enquanto prepara seu grande livro — que, naquele momento, iria se chamar *A seleção natural.* É um livro imenso, monumental, de muitos volumes: Darwin escreve, reescreve, coleta exemplos, cria pombos. Ele apresenta a sua teoria da seleção natural — a teoria de que todas as espécies vieram de um mesmo ancestral — aos seus amigos cientistas. É uma teoria que precisou de uma confluência de fatores para ser elaborada: da ideia de tempo profundo e da geologia de Lyell; do entendimento de Cuvier de que as espécies se extinguem; do transformismo de Lamarck e de Erasmus Darwin; da ideia de superpopulação de Malthus. Tudo isso em conjunção e reinterpretado, reavaliado.

Imagine como deve ser pensar, pela primeira vez, que todas as espécies, que todos os seres vivos que vemos — e também aqueles que não vemos —, tudo se transformou a partir de um mesmo ancestral, lá longe, muito longe no tempo: um ancestral que foi variando, de geração em geração, e cujas variações foram definindo espécies ao longo do tempo; espécies que se ramificam, originando outras e mais outras espécies. Alguns dos cientistas amigos de Darwin estavam mais convencidos dessa hipótese; outros estavam menos, e achavam que ideias como essa eram perigosas. De qualquer modo, independentemente das opiniões, todos estavam de acordo com o fato de que já estava passando da hora de Darwin mostrar para o mundo aquele longo trabalho secreto — o que ele amadurecia em silêncio fazia quase vinte anos. Charles Lyell, mesmo não acreditando muito na teoria, recomendava que ele publicasse logo seus estudos, dizendo que sabia que tinha gente que podia estar se aproximando de algo parecido com aquela teoria. Mas Darwin só respondia que ainda não estava pronto.

Na verdade, mais do que pouco preparado, ele estava com muito medo. Livros que tinham ideias muito menos ousadas do que a dele já tinham sido ridicularizados pela comunidade científica.

Até que, em junho de 1858, entre todas as cartas que Darwin recebia, chegou uma vinda das ilhas Molucas. Uma carta de um homem chamado Alfred Russel Wallace, mais jovem do que ele, e que estava, fazia anos, numa expedição na Malásia. Na carta, havia um artigo com uma teoria concebida no meio de um delírio de febre e que continha a seguinte conclusão: "existe um princípio geral na natureza que fará com que muitas variedades sobrevivam às gerações progenitoras e deem origem a variações sucessivas, afastando-se cada vez mais do tipo original".[6]

Darwin ficou apavorado. "Eu nunca vi uma coincidência mais impressionante do que essa. Se Wallace tivesse o meu esboço que escrevi em 1842, ele não poderia ter feito um resumo melhor! [...] Toda a minha originalidade, seja ela qual for, vai ser destruída."[7]

A perplexidade naquele momento foi tanta que Darwin prestou bem mais atenção nas semelhanças do que nas diferenças entre a teoria de Wallace e a sua; elas não eram assim tão idênticas, mas realmente tinham muitos elementos em comum. E a questão era o que fazer agora, pois havia um problema ético ali. Como publicar um trabalho que já não era tão original? Darwin disse para Lyell que preferia ter o seu livro queimado do que ser considerado por Wallace ou por qualquer outro como alguém mesquinho.[8] O atraso, tão estratégico, já que Darwin sabia que era preciso, antes de publicar uma teoria controversa como a sua, tornar-se especialista em algo para ser respeitado pela comunidade científica; o atraso que continha a paciência e a espera para que o clima cultural se transformasse, para que existissem as condições imateriais de apresentar à sociedade uma teoria como aquela — esse mesmo atraso, de repente, saiu pela culatra. Agora, não só o clima cultural estava mais apto a receber sua teoria, como as condições tinham se transformado de tal forma que outro sujeito também juntou as mesmas peças, decantou o mesmo tipo de material de pensamento, e chegou, por fim, a um lugar muito próximo ao que ele tinha chegado.

Com a ajuda de Lyell, Darwin decidiu apresentar um artigo assinado por ambos, ele e Wallace, à Sociedade Lineana de Londres — sociedade científica cujo nome, aliás, é uma homenagem a Carlos Lineu. E o artigo, apresentado por Lyell e pelo botânico John Hooker, dizia que os cavalheiros Charles Darwin e Alfred Wallace, dois infatigáveis naturalistas, tinham concebido de forma independente a mesma engenhosa teoria.[9]

O artigo em si passou batido, não teve quase impacto nenhum na comunidade científica. A revelação da teoria da seleção natural não veio com um estrondo. Mas foi a partir dela que Darwin sentiu a urgência que não tinha sentido até então; e, um tanto às pressas, em contraste com a lentidão das duas décadas anteriores, escreveu o que chamou de "um grande resumo" daquele livro de muitos volumes que preparava fazia tanto tempo. O livro que Darwin vinha escrevendo antes tinha três ou quatro vezes o tamanho final de *A origem das espécies* — foi de fato um resumo, mas um resumo de mais de quinhentas páginas.

A CARTA À SOCIEDADE LINEANA

O artigo, assinado em conjunto por Charles Darwin e Alfred Russel Wallace, foi apresentado em 1858. Eis a sua introdução, escrita por Charles Lyell e John Hooker:

Meus caros senhores,

Os escritos em anexo, que temos a honra de comunicar para a Sociedade Lineana, e que tratam do mesmo assunto — as leis que afetam a produção de variedades, raças e espécies —, contêm os resultados das investigações de dois infatigáveis naturalistas, o sr. Charles Darwin e o sr. Alfred Wallace. Esses cavalheiros, de forma independente e sem saber um do outro, conceberam a mesma engenhosa teoria para descrever a aparição e a perpetuação de variedades e de formas específicas no nosso planeta. Ambos podem clamar, com justiça, o mérito de serem pensadores originais nessa importante linha de investigação; mas, como nenhum dos dois publicou as suas visões, mesmo que o senhor Darwin tenha sido, por muitos anos, repetidamente impelido por nós a fazê-lo, e como ambos os autores entregaram sem reservas seus escritos em nossas mãos, acreditamos que o melhor a fazer é promover os interesses da ciência com uma seleção dos dois para ser entregue à Sociedade Lineana.[10]

Darwin nasceu em 1809; seu livro foi publicado em 1859. Ele publicou a maior obra de sua vida aos cinquenta anos. E, se não fosse por Wallace, é bem provável que tivesse esperado ainda mais.

A origem das espécies foi finalmente publicado numa terça-feira de fim de novembro. Era um livro de capa de tecido verde-musgo, com letras douradas na lombada. Darwin já era o conhecido autor do best-seller *A viagem do* Beagle; e, assim que saíram da gráfica, os 1 250 exemplares de seu novo livro já tinham destinatários confirmados. Diferente daquele artigo apresentado à Sociedade Lineana, o livro de Darwin, que saiu no ano seguinte, recebeu toda a atenção. Entre os exemplares separados para resenhistas, bibliotecas, clubes de leitura por assinatura e, enfim, livrarias, *Da origem das espécies por meio da seleção natural ou a preservação das raças favorecidas na luta pela vida* (seu título original) esgotou em um dia.

O editor do livro, aliás, um homem chamado John Murray, publicou outros autores de renome, a começar pelo próprio Charles Lyell, que foi quem sugeriu que Darwin publicasse com ele. Foi também o editor de Arthur Conan Doyle (o criador de Sherlock Holmes), de Thomas Malthus, da romancista Jane Austen e de Samuel Taylor Coleridge.

John Murray propôs a Darwin uma reedição imediata, e o naturalista já achou que seria uma boa oportunidade para fazer correções e emendas no texto. Ao longo dos anos seguintes, Darwin faria muitas dessas correções: ele cairia até numa espécie de hipercorreção, que foi deixando seu texto um pouco mais arrastado, mais pesado e, no fim das contas, nem sempre tão correto. O livro teve seis edições, mas aqui sempre nos referimos à primeira — aquela que foi traduzida por Pedro Paulo Pimenta para a editora Ubu, que é a mais revolucionária e, também, a mais bonita.

ON

THE ORIGIN OF SPECIES

BY MEANS OF NATURAL SELECTION,

OR THE

PRESERVATION OF FAVOURED RACES IN THE STRUGGLE
FOR LIFE.

By CHARLES DARWIN, M.A.,

FELLOW OF THE ROYAL, GEOLOGICAL, LINNÆAN, ETC., SOCIETIES;
AUTHOR OF 'JOURNAL OF RESEARCHES DURING H. M. S. BEAGLE'S VOYAGE
ROUND THE WORLD.'

LONDON:
JOHN MURRAY, ALBEMARLE STREET.
1859.

The right of Translation is reserved.

Folha de rosto da primeira edição de A origem das espécies, *de 1859*

O estilo de escrita de *A origem das espécies* era muito acessível. Darwin escreveu não só na linguagem dos cientistas, mas também na da divulgação científica: as donas de casa liam Darwin, e isso era inclusive algo com que seu avô, Erasmus Darwin, já se preocupava. Ele, ainda no século 18, escreveu poemas de botânica porque a botânica era considerada um "assunto feminino" e ele estava interessado em expandir o acesso das mulheres à instrução científica dentro de um território onde elas já se sentiam à vontade. Mas, voltando ao livro de seu neto: logo de cara, as pessoas comentavam o fato de *A origem das espécies* ser um livro especialmente fácil de ler. Richard Owen, que fazia parte do círculo de mentores de Darwin, comentou isso de um jeito um tanto pedante, dizendo que era o que se podia esperar de alguém que tinha ficado conhecido como autor de livros de viagem. Ele queria dizer que, com esse estilo, o livro não poderia ser considerado muito sério. Um estudioso recente de Darwin, Michael Ruse, diz que Owen estava certo: aquele realmente era um livro estranho para um cientista profissional. Mas Ruse acrescenta: Darwin sempre foi um cientista estranho, ele sempre teve um pé em outro mundo.[11]

* * *

Então, finalmente, depois do que não foram vinte anos, mas quatro capítulos, vamos abrir esse livro, *A origem das espécies* — e lê-lo:

> Quando observamos, em nossas plantas ou animais mais antigos, indivíduos de uma mesma variedade ou subvariedade, uma das coisas que mais impressiona é o fato de eles serem, em geral, muito mais diferentes entre si do que os indivíduos de uma espécie ou variedade qualquer em estado de natureza.[12]

Charles Darwin diante de sua casa, montado em seu cavalo, Tommy (fotografia de 1867)

Essa é a frase que abre o livro. É uma frase que talvez soe complicada, mas que revela algo da escrita de Charles Darwin. A primeira palavra do livro é *Quando*... "Quando observamos": com essa primeira pessoa do plural, ele coloca o leitor dentro da situação, inclui o leitor dentro do livro. Você, leitor, observa junto com Darwin. Estamos, nós e Darwin, observando as nossas plantas ou os nossos animais mais antigos — e, quando ele diz "nossas", quer dizer *nossas* mesmo, as plantas e os animais que foram domesticados, manipulados por nós, seres humanos. Observando as plantas domesticadas e os animais domésticos, o que impressiona é o fato de que, dentro de uma mesma espécie, acontece com frequência de encontrarmos exemplares que têm diferenças maiores entre si do que as diferenças que existem entre espécies no estado de natureza.

Tome os cachorros como exemplo: um chihuahua e um são-bernardo. Os dois são, em tese, da mesma espécie: são ambos cachorros. Mas agora pense num rato e num esquilo. Pelo menos na aparência, esses dois animais podem ser bem mais semelhantes entre si do que um chihuahua e um são-bernardo. E por que consideramos que o rato é de uma espécie diferente da do esquilo, e que o chihuahua é de uma mesma espécie que o são-bernardo? Qual é o critério para isso?

Aqui, já começamos a fazer perguntas importantes. Perguntas que vão nos conduzir de um degrau para outro em *A origem das espécies*. É nesse sentido que Darwin é um escritor esperto: porque começa incluindo o leitor nesse livro, e mostrando a ele algo que já é conhecido — Darwin começa falando daquilo que é familiar.

O primeiro capítulo, "Variação sob domesticação", é dedicado ao que Darwin chamou de *seleção artificial*. É a seleção que o próprio ser humano faz com outros animais e com plantas para criar raças, subespécies. Por exemplo, a melancia que costumamos

Melancias do século 17 em quadro de Giovanni Stanchi

comer é bem diferente da melancia de antigamente; essa fruta começou a ser cultivada na Europa por volta de 1600, originária do continente africano. E as melancias daquela época, mesmo que tivessem um gosto relativamente parecido com o das atuais, tinham outra aparência: a maior parte de seu interior era branca, e tinha pouco da parte vermelha, a polpa comestível; elas eram menores e, por causa de um processo de fertilização, podia acontecer de, às vezes, a polpa ficar em forma de espiral. Foram as centenas de anos de domesticação da melancia que as fizeram maiores e mais polpudas. Assim, também, com o pêssego: antes de os chineses começarem a cultivá-lo, ele tinha o tamanho de uma cereja e — dizem — gosto de lentilha. As cenouras eram amargas e brancas, ou roxas: o laranja que as caracteriza só foi disseminado pelos holandeses no século 16, durante a Guerra dos Oitenta Anos, e eles a fizeram assim em homenagem a Guilherme I de Orange (ou "Oranje", em holandês, que significa laranja), príncipe dos Países Baixos.

Se você já comeu uvas sem sementes, ou uma mexerica mais fácil de descascar, você já viu a seleção artificial. É a seleção que o ser humano faz, que vem fazendo há muito tempo, quando escolhe características para reforçar na sua comida, nos seus animais de companhia, e dá preferência a elas no lugar de outras ao decidir reproduzir esse ser vivo.

Quando Darwin começa o livro falando justamente disso, é porque sabe que a maioria dos leitores — e leitoras! — vai reconhecer, entender e concordar que essa seleção existe. Ele sabe que seus leitores não são só os cientistas, e não está escrevendo apenas para quem é versado no assunto. A criação de alguns animais era um hobby para muitos ingleses vitorianos. Darwin cita, no livro, um exímio criador de pombos que costumava se gabar de que, em três anos, era capaz de produzir qualquer tipo de pena: "me deem seis anos" — ele dizia — "e produzirei cabeças e bicos".[13]

Os pombos oferecem uma incrível liberdade de criação — para os ingleses do século 19, eles eram como uma grande massa de modelar raças. Existem mais de 150 tipos de pombos domésticos, e eles são diferentes uns dos outros pelo tamanho, pela cor, postura, formas, plumagem e capacidade de voo, por exemplo. Os criadores cruzavam os indivíduos com variações mais ou menos semelhantes e chegavam a pombos de caudas que se abrem em semicírculo ou ainda com um papo grande e inchado. Darwin brincava de fazer isso no pombal de sua casa: ele media, pesava, analisava o esqueleto, contava o número de vértebras e

Várias raças de pombos domesticados, ilustração em livro didático de zoologia, Estados Unidos, 1911

de conexões entre as vértebras... Com isso, classificou os pombos em grupos diferentes: os de bico curto, como o cambalhota, que tem esse nome porque dá cambalhotas enquanto anda e, na verdade, até voando, o que às vezes o faz cair no chão; ou aqueles que Darwin chamou de "peculiares", como o pombo-correio, que consegue voltar para casa mesmo a centenas de quilômetros de distância; os cauda-de-leque, com uma cauda cheia de penas; os pombos-gravata, com penas revertidas no pescoço e no peito; e os jacobinos, com penas mais longas na frente, que envolvem as suas cabeças como se fossem a gola alta dos jacobinos da Revolução Francesa.

> [...] os pombos vêm sendo observados com atenção e criados com todo cuidado e carinho por muitas pessoas ao longo da história. [...] Os registros mais antigos são da quinta dinastia egípcia, por volta de 3 mil anos a.C., segundo me disse o prof. Lepsius; já o sr. Birch afirma que os pombos são mencionados em uma lista de mercado na dinastia anterior. Na época dos romanos, informa Plínio, o Velho, imensas somas eram pagas por certos pombos [...]. Pombos eram muito valorizados pelo Akber Khan da Índia, por volta do ano 1600; nada menos que 20 mil deles conviviam na corte. [...] Por volta da mesma época, os holandeses se mostravam tão entusiastas dos pombos quanto os antigos romanos.[14]

Os pombos estavam entre os animais favoritos de Darwin, que também gostava muito de cachorros. Na sua autobiografia, ele diz que os próprios cães pareciam perceber a paixão que sentia por eles, porque acabavam se afeiçoando mais a Darwin do que aos próprios donos. Em uma carta, escreveu:

VOMBATES

A criação de pombos era um passatempo comum na Inglaterra vitoriana. Outra moda do período foram os vombates: pequenos marsupiais nativos da Austrália que acabaram sendo cultuados por artistas ingleses. Tudo começou com os primeiros naturalistas que viajaram à Oceania, descobriram e descreveram o animal e levaram relatos e alguns poucos vombates vivos à Inglaterra. Na década de 1860, vários indivíduos já habitavam o zoológico do Regent's Park. Mais ou menos no mesmo período, o poeta e pintor Dante Gabriel Rossetti, que já possuía uma coleção de animais exóticos, adquiriu dois vombates pelo valor de oito libras. Ele teria declarado que os vombates são "as mais belas das criaturas de Deus";[15] são "uma alegria, uma vitória, um deleite, um delírio".[16] Dos dois vombates comprados, um morreu logo após ser entregue; mas o sobrevivente, que recebeu o nome de Top, era admirado por todos que o visitavam: sua disposição amigável impressionava os visitantes, que se viam acompanhados pelo simpático vombate enquanto passeavam pelo quintal. A obsessão de Rossetti pelo vombate acabou pegando e virou moda. Rossetti era influente nos círculos culturais e, muito em função dele, os vombates foram, de longe, os animais australianos que mais mexeram com o imaginário inglês na época. Muitas espécies de vombate foram extintas. Hoje, das três espécies restantes, a mais comum é a *Vombatus ursinus*, e é a única que não está ameaçada.

Vombates, pelo artista alemão Gustav Mützel (1839-1893)

> Uma vez, quando eu ainda era muito pequeno, no período da escola, ou até antes disso, agi com crueldade, porque bati em um cachorrinho, creio que só para desfrutar a sensação de poder; mas a surra não deve ter sido muito forte, porque o cachorrinho não uivou — disso eu tenho certeza, porque o lugar era perto da minha casa. Esse gesto me deixou com a consciência muito pesada, tanto que me lembro exatamente do local em que o crime foi cometido. Provavelmente isso foi ainda mais pesado para mim considerando que o meu amor por cães se tornou a partir de então, e por muito tempo depois, uma paixão. Os cães pareciam saber disso, porque eu acabava roubando o amor deles pelos donos.[17]

Mas apesar de seu apreço pelos cães, lendo *A origem das espécies*, temos a impressão de que Darwin não gostava muito de gatos; pelo menos, os gatos são tratados no livro como animais muito alheios a ele — "as crianças e as mulheres os valorizam", ele diz, em certa passagem. O primeiro capítulo de *A origem das espécies* é inteiro dedicado à seleção artificial. Começando pelo que acontece nas fazendas ou nos jardins, Darwin vai, aos poucos, conduzir o leitor até o que mais interessa: aquilo que acontece nas florestas, nos mares — aquilo que acontece no mundo natural. É uma analogia. E essa analogia marca uma grande diferença entre as teorias de Darwin e as de Wallace, coisa que ele não percebeu ao receber a carta da Malásia, quando achou que os dois tinham chegado exatamente às mesmas conclusões. Mas um pensamento não era assim tão idêntico ao outro: Wallace, por exemplo, não tinha feito a aproximação entre a seleção feita pelo ser humano e aquela da natureza. Na verdade, para pensar a seleção natural, ele a diferenciou da seleção humana — isso porque, até o século 19, o mais comum era pensar que as modificações feitas pelo ser humano nas espécies domésticas eram temporárias, e bastaria abandonar essa espécie modificada na natureza para que ela retomasse a sua forma selvagem. Essa ideia reforçava o fixismo, a estabilidade das espécies: elas só seriam transformadas através da ação humana momentaneamente, e essas modificações não seriam definitivas. Quando Wallace descreveu a seleção natural, para defender que havia uma transformação real nas espécies, teve que mostrar que o que ocorria na natureza seria o contrário daquilo que ele acreditava ocorrer na domesticação feita pelo ser humano — para Wallace, só na natureza é que as transformações seriam irreversíveis.

Darwin entendeu que toda transformação é irreversível: se alguém cria um pombo com cauda de leque, isso vai definir uma modificação na espécie, que não voltará a ser como era antes. Foi por isso que ele chamou a seleção que o ser humano faz de seleção artificial — para aproximá-la da seleção natural.

Então, de um primeiro capítulo preocupado com temas domésticos, ele passa para o segundo, chamado "Variação na natureza": "Assim como o homem produz ótimos resultados pela adição de meras diferenças individuais em uma direção qualquer, também a natureza pode fazê-lo, e com muito mais facilidade, pois tem à disposição um tempo incomparavelmente maior".[18]

Se o ser humano seleciona e ajusta as espécies segundo os seus gostos ou necessidades do momento — gostos e necessidades que são passageiros —, a natureza, de maneira *análoga*, "escolhe", "seleciona" os indivíduos mais bem-adaptados dentro das circunstâncias e do meio. Os indivíduos que foram "selecionados" (entre aspas, pois temos que lembrar que a natureza não é um sujeito que pensa, considera, decide, seleciona; mas essa simplificação aqui é necessária para começar a explicar), os indivíduos que foram "selecionados" para sobreviver são aqueles que dão origem à geração seguinte. Só que, na natureza, essa seleção acontece com muito mais tempo do que quando é o ser humano que está agindo e selecionando. Existe um trabalho silencioso, imperceptível, na adaptação constante de cada um dos seres às condições da vida.

> Pode-se dizer que a seleção natural realiza diariamente, hora após hora, um escrutínio de cada uma das variações, por menor que seja, ao redor do mundo todo, rejeitando o que é ruim, preservando e aprimorando o que é bom, trabalhando silenciosamente, onde e quando a ocasião se ofereça, na melhoria de cada ser orgânico em relação às condições de vida, orgânicas e inorgânicas. [...] e tão imperfeita é nossa visão do longínquo passado das eras que tudo o que vemos é que as formas de vida são hoje diferentes do que eram antes.[19]

Quando pensamos darwinianamente sobre o mundo, não faz muito sentido isolar um momento só, retirar um frame do filme. Como as espécies estão o tempo todo mudando, é necessário considerar a forma que um determinado ser vivo tem no momento em que olhamos para ele e, então, entender que ele teve outra forma antes e que pode vir a ter outra forma no futuro. O que temos, quando olhamos para qualquer ser ao nosso redor, ou até para nós mesmos, são indícios de que as coisas já foram diferentes.

É isso o que explica, por exemplo, que alguns animais tenham formas que não correspondam aos seus hábitos — alguns tipos de patos e gansos têm nadadeiras, apesar de viver há gerações em territórios onde eles nem sequer se aproximam da água. Em algum momento da história da espécie, essas nadadeiras foram perfeitamente úteis para nadar; mas os momentos mudam e as espécies mudam. A natureza "se impõe", no seu tempo lento, profundo, para selecionar as variações individuais que melhor se adaptam às circunstâncias. É isso o que explica, também, nossos dentes do siso, ou nossos apêndices. É isso o que explica que avestruzes tenham asas, embora não voem. São órgãos inúteis hoje, mas que já tiveram uma utilidade um dia. E, para Darwin, essas inutilidades não dificultam as explicações, pelo contrário: a presença de órgãos que, hoje, não servem para nada pode até *ajudar* a explicar as leis da hereditariedade.

Ele cita esses e outros exemplos ao longo do livro porque escreve como se previsse os problemas que nós, leitores, poderíamos encontrar. Darwin nunca perde de vista o leitor; e inclusive admite que ele mesmo se sente atordoado com algumas perguntas que surgem, mas não encontra nenhuma questão que seja realmente fatal para sua teoria. Ele antecipa as nossas perguntas e, em seguida, já as responde.

> Quem acredita que cada ser vivo foi criado tal como hoje se encontra deve ter sentido certa surpresa ao deparar com um animal cujos hábitos não são condizentes com sua estrutura. É óbvio que os pés com membranas entre os dedos dos patos e dos gansos foram formados para o nado, mas há gansos que vivem em terra e raramente ou nunca se aproximam da água, e ninguém até hoje viu a fragata, com seus pés com membranas, pousar sobre a superfície do mar.[20]

Darwin diz, em seu livro, que esses órgãos rudimentares são como as letras que aparecem na palavra escrita mas não são pronunciadas quando a palavra é dita. Isso acontece muito no inglês (e Darwin era profundamente monolíngue, jamais conseguiu dominar uma língua estrangeira). O inglês é cheio de palavras com grafias esquisitas, como, por exemplo, *knight*, que significa "cavaleiro", e pronuncia-se do mesmo modo que *night*, que significa "noite". *Knight* tem esse "k" mudo no começo, e ambas têm o "g" e "h" mudos no final. Em algum momento, no inglês antigo, a palavra *knight* devia ser pronunciada mais ou menos como "cnirrt", com o "gh" indicando o som de um "h" mais gutural. Às vezes, esse som era marcado com uma letrinha chamada "yogh": ȝ. Mas a grafia do inglês foi estabilizando *knight* do jeito como essa palavra é escrita hoje. E as letras que se tornaram mudas permaneceram aí, indicando um passado etimológico da palavra. Elas apontam a evolução que a palavra sofreu, as transformações pelas quais passou à medida que seguiu se adaptando a diferentes sotaques e pronúncias. Em português, temos a palavra *Egito*, que, antigamente, era grafada com "p", *Egipto*, como ainda é em Portugal. O acordo ortográfico de 1945 tirou esse "p", mas ele ainda dá as caras quando falamos, por exemplo, *egípcio*. O "p" é um órgão rudimentar da palavra: ele é um dente do siso ou as asas do avestruz. São esses os sinais, visíveis, de uma história longa que a palavra guarda. E também nós carregamos no nosso corpo presente resquícios de um longo passado — do passado profundo da nossa espécie.

Agora, tente imaginar o futuro: quais partes que existem hoje no seu corpo vão se desenvolver? E depois: para que elas poderão servir?

> Como crer que a seleção natural teria produzido, por um lado, órgãos de importância trivial, como a cauda de uma girafa, que serve para espantar mosquitos, e, por outro, órgãos tão maravilhosamente estruturados, como o olho, cuja perfeição inimitável ainda não chegamos a compreender por completo?[21]

Algum ser, milhões e milhões de anos atrás, começou a apresentar formações de uma composição um pouco diferente numa parte de seu corpo: talvez mais gelatinosa, mais macia do que o resto. Essa

Fóssil de Opabinia regalis*, encontrado na Colúmbia Britânica, Canadá*

formação diferente era, por acaso, sensível à luz. Aquilo foi mudando, ganhando forma — e, muitas etapas depois, da coisa macia fez-se um olho. Isso é muito antigo, talvez mais do que a gente imaginaria: no período cambriano, cerca de quinhentos milhões de anos atrás, existia um artrópode que vivia no fundo do mar chamado *Opabinia regalis*. Ele não tinha nem mesmo pernas, mas tinha cinco olhos e uma espécie de tromba comprida, com a qual apanhava a comida e trazia para dentro da boca. Ainda mais no passado, existiam seres vivos que tinham, digamos, 5% de um olho. Mas aquilo ainda não era um olho, porque a função que entendemos hoje que cabe ao olho talvez não fizesse nenhuma diferença para aqueles seres vivos.[22]

O que podemos observar agora da natureza é como uma cena retirada de um grande filme — na verdade, Darwin descreveu como "uma cena ocasional, tomada quase ao acaso, de um drama encenado vagarosamente".[23] Não temos como saber por quais transformações vamos passar no futuro, e nem se essas transformações vão levar a outras funções do nosso corpo. Sabemos o que somos hoje; mas não sabemos o que podemos ser um dia.

E, aqui, temos que fazer uma consideração. Quando, no capítulo 3, vimos como eram as ciências naturais na época em que Darwin começou a estudar, falamos sobre o funcionalismo, sobre a forma e a função; e ali dissemos que, para Darwin, a forma vem antes da função. Mas nós simplificamos um pouco as coisas. Essa questão é bastante complexa. Agora, podemos desdobrar um pouco mais esses aspectos da forma e da função e pensá-los do começo.

Então, o que veio primeiro: o ovo ou a galinha? Como sabemos muito bem, esse é o tipo de pergunta que não tem resposta — mas é interessante fazer uma pergunta como essa porque, ainda que não seja possível respondê-la diretamente, ela nos leva a fazer muitas outras perguntas, a pensar na própria origem da vida, e a chegar em outras respostas, outras soluções, que só vêm por causa daquela primeira pergunta que permanece sem resposta.

E o que veio primeiro, a forma ou a função? Darwin, a partir do pensamento de Lamarck, foi percebendo que não é possível responder a essa questão simplesmente elegendo uma das duas opções. É mais complicado do que isso. As formas podem se modelar de acordo com os hábitos, com as funções que elas adquirem; as funções mudam de acordo com as circunstâncias, com o ambiente, e então a forma que já existe se adapta de acordo com essa nova função. O que é importante, nisso tudo, é entender que, para Darwin, essas transformações não têm uma finalidade já traçada — não dá para saber no que um ser pode se transformar.

Mas vamos ainda um pouco mais para trás. O que é uma função? Se alguém perguntar qual é a função da sua mão, muitas coisas virão à mente ao mesmo tempo. Se dissermos que a função da mão é apanhar o alimento, ou usar ferramentas, ou proteger e atacar, ou jogar xadrez, ou acariciar um gatinho, ou qualquer outra resposta específica, você provavelmente vai sentir que estamos forçando a barra, deixando uma imensidão de possibilidades de fora, só para que um argumento faça sentido. É difícil falar de forma e função porque essas duas esferas são categorias do pensamento, não da natureza. William Wordsworth, o poeta que Darwin adorava, mencionou algo parecido. É o que ele chamou, num poema, de

> **[...] *falso poder secundário, com o qual***
> ***nós multiplicamos as distinções, e depois***
> ***acreditamos que as nossas barreiras frágeis estão nas coisas***
> ***que vemos e [esquecemos] que fomos nós que as criamos.****

Olhamos para o mundo, identificando nele aquelas divisões que já elaboramos de antemão, pelo pensamento. Mas, se soubermos prestar atenção, com um olhar fresco e renovado, vemos que o ovo é um estágio da galinha; e a galinha, um estágio do ovo. Um não é tão diferente assim do outro.

* * *

Tudo muda o tempo todo, e a evolução não é uma linha reta: não dá para dizer que evoluir significa aprimorar-se, tornar-se melhor ou superior. Até podemos, no senso comum, ligar a evolução à ideia de transformação do mais simples no mais complexo. Mas, como já falamos, não é disso que trata a teoria da seleção natural.

---

* [...] *that false secondary power / By which we multiply distinctions, then / Deem that our puny boundaries are things / That we perceive, and not that we have made.* William Wordsworth, versos de *The Prelude*, livro II, 1850, op. cit.

A mudança orgânica não é um progresso, nem mesmo é linear. A palavra "evolução" pode gerar alguns mal-entendidos, e por isso foi evitada por aqueles que, hoje, ironicamente, chamamos de "evolucionistas": nem Lamarck nem Darwin usaram essa palavra nas edições originais das suas principais obras. Lamarck fala de "transformismo". Darwin, de "descendência com modificação".

A palavra "evolução" já tinha um significado técnico nas ciências naturais. Ela começou a aparecer com esse sentido no século 18, cunhada por um biólogo alemão chamado Albrecht von Haller para descrever uma teoria que existia na época sobre a formação dos indivíduos: a teoria da pré-formação. Como explica Stephen Jay Gould no capítulo "O dilema de Darwin: a odisseia da evolução", presente no livro *Darwin e os grandes enigmas da vida*,[24] era uma teoria que entendia que o ser humano já estaria formado antes mesmo de se tornar um embrião. Dentro do óvulo da mulher ou no esperma do homem, haveria pequenas pessoinhas, homúnculos pré-formados, que, na gravidez, iriam aumentando dentro do óvulo até se tornar do tamanho de um bebê e, então, nascer. Pode parecer estranho pensar que já existem pessoas totalmente prontas, ainda que minúsculas, contidas dentro de nós antes mesmo da gravidez, mas a ideia seguia ainda para muito além disso: de acordo com essa teoria, se existe um homúnculo perfeitamente formado no interior do óvulo, ou dos testículos, então, dentro desse homúnculo, haveria outro homúnculo ainda mais minúsculo, e assim por diante, indefinidamente... Ou seja, no limite, dentro dos ovários de Eva, ou nos testículos de Adão, já estariam contidas absolutamente todas as gerações futuras, como bonequinhas russas, uma dentro da outra, dentro da outra... Esse biólogo alemão escolheu o termo "evolução" para descrever a sua teoria dos homúnculos, porque, em latim, *evolvere* quer dizer desenrolar. Então, o que esses homenzinhos minúsculos fariam seria desdobrar-se, desenrolar-se dos compartimentos em que estavam instalados, para crescer e aumentar de tamanho durante o desenvolvimento do embrião.

Se a palavra "evolução" teve esse primeiro uso nas ciências naturais para descrever a teoria dos homúnculos, ela realmente não se aproxima em nada da concepção de descendência com modificação de Darwin. Afinal de contas, se toda a história da humanidade já estaria formada dentro de Eva, pronta para apenas aumentar de tamanho a ponto de poder nascer, não haveria a possibilidade de haver qualquer modificação na espécie. Mas, segundo Gould, não foi apenas por isso (o que já seria razão suficiente) que Darwin evitou essa palavra: mais do que simplesmente "desenrolar", já no século 19, a palavra "evolução" passou a significar uma "sucessão *progressiva* de eventos", um "desenvolvimento de um estado mais simples a um estado mais complexo". E aqui está um outro motivo importante para Darwin não usar essa palavra na sua explicação da teoria da seleção natural: não há progresso nas modificações de geração em geração; uma mudança orgânica na espécie não significa que ela se tornou superior ao que era antes. E ele sabia que esse tipo de mal-entendido poderia ser até mesmo perigoso, por isso insistiu muito em dizer que não há um ideal abstrato de progresso na transformação dos seres, e sim a constante adaptação a um meio. Mesmo assim, à revelia de tudo isso, foi a palavra "evolução" que se tornou aquela mais associada à seleção natural, e os mal-entendidos que surgiram geraram apropriações e abusos da teoria, como o Darwinismo Social, que classifica as culturas humanas como superiores ou inferiores de acordo com supostas conquistas evolutivas. Isso é tudo o que Darwin não queria, e é por isso que, desde o início, quando ainda estava concebendo seu livro, ele já recomendava a si mesmo que nunca usasse as palavras "superior" e "inferior".

Mas vamos deixar um pouco de lado todas essas questões e resgatar por um momento o sentido antigo da palavra "evolução": vamos pensar nessa imagem estranha dos homúnculos escondidos dentro dos ovários, um dentro do outro. Evoluir significa, originalmente, desenrolar-se. Ainda que a teoria da pré-formação não faça mais sentido para a ciência, e que tenha sido um dos motivos para Darwin evitar essa palavra, vamos aqui nos aproximar dela por outra via. "Evolução", no seu sentido primeiro, como um desenrolar que revela algo que está escondido: aqui, uma palavra como essa pode servir para nos fazer pensar sobre aquilo que é invisível — o que está escondido dentro do que é visível. As histórias não contadas (minúsculas ou não) que existem dentro de uma história contada. Olhando para as histórias que trouxemos aqui, neste livro, podemos pensar no que está escondido naquilo que contamos sobre o próprio Darwin, sobre a sua viagem e a concepção de sua teoria. São tantas as histórias que descobrimos olhando para a trajetória de Darwin, e mesmo aquelas que optamos por não contar também estão contidas, de alguma forma, dentro da história que contamos. São tantas histórias não nascidas.

Estão contidas aqui, mas não contadas, histórias como a das árvores fossilizadas no topo de uma montanha andina; a história de como o capitão FitzRoy sequestrou crianças indígenas na Terra do Fogo e as levou para a Inglaterra; as histórias sobre os três filhos de Darwin que morreram na infância; de como ele ficou abalado com a morte de sua filha. As histórias de como as orquídeas se reproduzem; a história da Maria Sybilla, uma naturalista que viveu mais de cem anos antes de Darwin, que viajou, com a filha, da Alemanha ao Suriname para observar os espécimes nativos, que entendeu que a natureza funcionava como um sistema e que ficava fascinada com os insetos tropicais, como Darwin, mas também com os conhecimentos dos povos indígenas. E outros momentos da viagem do *Beagle*, como a surpresa de Darwin diante de um lago salino, em que quase nenhuma criatura consegue viver, ou então as aventuras que teve com os gaúchos uruguaios. E outros trechos de seu livro, como aquele que diz que o imenso Mississipi deposita seiscentos pés de sedimento a cada 100 mil anos.

A teoria dos homúnculos já há muito tempo não tem lugar na ciência. Mas nosso interesse não está apenas no progresso científico; para nós, neste livro, essa teoria aponta para aquilo que está escondido dentro do que é visível. As histórias contidas dentro de outras histórias, que estão dentro de outras, e que poderiam ser desdobradas. Para quem se interessa por histórias, essa é uma teoria sugestiva — e que, por isso, permanece. Aqui, ela tem sua função também.

Ideias que hoje podem soar absurdas fazem parte da história da ciência; a ciência não é simplesmente um processamento de informações, mas uma atividade criativa, imaginativa. Como um livro de histórias fantásticas, *A origem das espécies* apresenta cenas em que os animais têm o poder de se transformar em outros, e outros. Um urso, em determinadas condições, poderia se transformar em um tipo de baleia, como escreve Darwin:

> Na América do Norte, o urso preto foi visto [...] nadando com a boca aberta, como se fosse uma baleia, capturando insetos na água. Mesmo em um caso extremo como este, se o suprimento de insetos fosse constante e não houvesse, na mesma região, rivais mais bem-adaptados, não vejo dificuldade em admitir que uma raça de

Detalhe de Modern Whaling & Bear-Hunting, *de William Gordon Burn-Murdoch, 1917*

> ursos se tornasse, por seleção natural, cada vez mais aquática em sua estrutura e seus hábitos, com bocas cada vez maiores, até que se produzisse uma criatura aberrante, à imagem de uma baleia.[25]

George Eliot — aquela escritora que era considerada a mulher mais inteligente da Inglaterra —, quando leu *A origem das espécies*, estava também lendo, ao mesmo tempo, *As mil e uma noites*. É curioso, e pode parecer que um livro é muito distante do outro. Mas talvez tenha algo de parecido entre os dois: o livro de Darwin é também uma imensidão de pequenas histórias fabulosas, exemplos mirabolantes, que se enfileiram um atrás do outro.

GEORGE ELIOT E AS *MIL E UMA NOITES*

Enquanto Darwin observou as maneiras pelas quais os seres vivos se adaptam ao ambiente em que vivem, a autora George Eliot decidiu partir do modelo darwiniano para escrever romances que perguntam de que modo os seres humanos se adaptam às condições de vida em sociedade. Uma curiosidade: antes de se tornar romancista, mas já inserida no mundo intelectual londrino como tradutora e editora, ela foi amante de Herbert Spencer, o homem que cunhou a expressão "sobrevivência dos mais aptos" para descrever o processo de seleção natural, e que Darwin mais tarde empregaria nas reedições de *A origem das espécies*. Em 1859, logo que a primeira edição do livro foi publicada, George Eliot anotou em seu diário que passou uma noite se deleitando com "música, *As mil e uma noites* e [a leitura de] Darwin".[26] Aliás, o próprio Darwin, que sempre anotava os títulos dos livros que lia, em 1840 registrou em seus cadernos: "um pouco das *Mil e uma noites*".

Darwin adorava detalhes e criaturas estranhas: peixes-voadores, musgos de outros continentes, rochas metamórficas, espécies que não existem mais, bexigas natatórias que viram pulmões, formigas escravizadoras, ornitorrincos, iguanas, avestruzes e falsos-avestruzes. A imagem de um urso que vira baleia realmente soa absurda até hoje — e, nesse caso, a suposição foi considerada especulativa demais pelos críticos da época, e Darwin acabou retirando-a das edições posteriores.[27] O que não privou o livro de outros tantos exemplos fantásticos que, esses sim, permaneceram.

> [...] é plausível que os peixes-voadores, que hoje dão seus saltos nos ares, mergulhando de volta com o auxílio da movimentação de suas barbatanas, tivessem se modificado a ponto de se tornarem animais dotados de asas perfeitas. E, caso isso tivesse ocorrido, quem jamais poderia imaginar que em um estado de transição inicial eles habitaram o alto-mar e utilizaram seus incipientes órgãos de voo, até onde sabemos, para escapar à voracidade de seus predadores?[28]

Tem algo de labiríntico na sua escrita, mas Darwin termina dizendo que o livro todo é construído como "um longo argumento": existe uma linha única que o atravessa do começo ao fim. Uma linha que exibe todos esses exemplos mirabolantes e que direciona

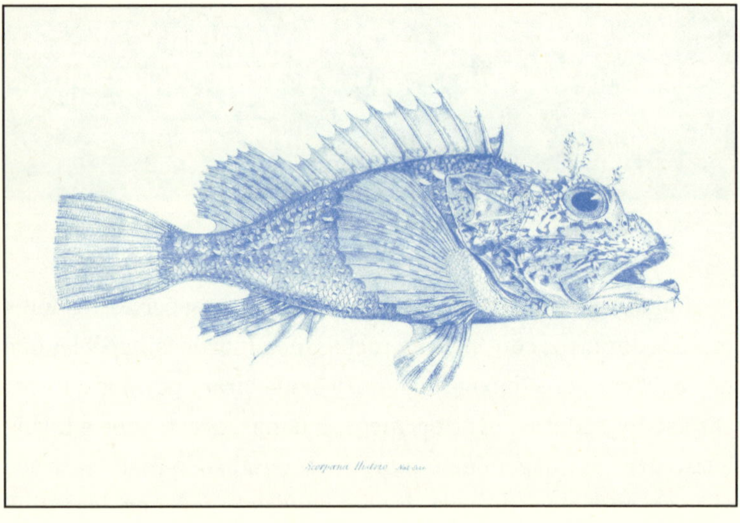

Ilustração da espécie Scorpaena histrio, *ilustração de* Viagem do *Beagle, 1842*

cada um deles para nos convencer de que a realidade se transforma, que ela se manifesta em infinitas formas — os animais viram, sim, outros, e outros; as espécies se convertem em outras, e outras, assim como nas histórias fantásticas. Mas, diferente das histórias fantásticas, isso não acontece de uma hora para a outra: é algo imensamente lento, de uma paciência infinita. *A natureza não dá saltos* é uma expressão que Darwin repete em seu livro: a seleção natural "atua com passos curtos e lentos".[29]

Como em *As mil e uma noites*, em *A origem das espécies* uma história puxa a outra, que puxa a outra... Mas Darwin não está contando histórias para manter nosso interesse e curiosidade por noites a fio. Existe esse argumento que corre por baixo, essa confiança de que ali há uma ideia importante e nova a ser passada. E essa ideia se dá a ver em cada um dos exemplos e contraexemplos levantados, nas analogias criadas, nas imagens, nas tramas entrelaçadas que vão nos prendendo ao livro.

> [...] quem ousaria inferir a existência de pássaros que utilizam suas asas como barbatanas, a exemplo do pato d'água? Ou como nadadeiras na água e patas em terra, como o pinguim? Como velas, como o avestruz? Ou mesmo sem qualquer propósito funcional, como o quiuí [da Nova Zelândia]?[30]

De um lado, peixes que voam. De outro, aves que têm asas e não voam. O mundo de Darwin é feito de enigmas, e ler *A origem das espécies* pode ser também como ler um livro de detetive: encontramos aos poucos as pistas, as peças que, quando separadas, são apenas curiosas ou esquisitas. Mas, quando unidas pela visão do todo que Darwin oferece, trazem a grande resposta — a teoria da seleção natural. É aí então, que tudo se encaixa. O efeito final é deslumbrante.

COLERIDGE E O AMOR PELO TODO

Samuel Taylor Coleridge, o poeta e companheiro de escrita de William Wordsworth, escreveu numa carta a um outro amigo, na década de 1790:

Deve-se permitir que as crianças leiam histórias fantásticas, com gigantes, magos e gênios? Já ouvi todos os argumentos contrários, mas me decidi a favor. Não conheço outro caminho que cultive na mente um amor pelo Todo e pelo Grande. Aqueles que foram levados passo a passo às mesmas verdades, através do testemunho constante dos cinco sentidos, me parecem ser desprovidos de um sentido a mais — que eu possuo. Eles não contemplam nada além de partes, e todas as partes são necessariamente pequenas. O universo é, para eles, um amontoado de coisinhas. [...] Conheço alguns que foram educados racionalmente, como se diz. É notável a agudeza microscópica que possuem; mas, quando eles olham para as coisas grandes, tudo fica vazio, e eles não enxergam nada; chegam a negar, de modo, aliás, bastante ilógico, que haja qualquer coisa ali para ser vista e, sem ressalvas, dizem ser um poder aquilo que, neles, é a falta de um poder; e chamam de juízo a falta de imaginação, e de filosofia isso de nunca serem arrebatados pelo êxtase.[31]

Olhar o todo; educar os sentidos para perceber que, além de cada detalhe, de cada pequena coisa, ou por trás de cada detalhe, de cada coisa, há uma totalidade, em que tudo se relaciona e conversa. Como disse Balzac, ao descrever Cuvier: "[...] encontrar populações de gigantes no pé de um mamute".[32] Cada forma é única, e cada forma, nas suas particularidades e detalhes, guarda dentro dela tantas outras formas — tantas histórias não contadas.

"Há razão para crer que, quando uma espécie desaparece da face da Terra, a mesma forma idêntica jamais reaparecerá."[33] Foi na época de Cuvier que começaram a descobrir que as espécies se extinguiam. Hoje, ouvimos falar disso o tempo todo: quantos animais que conhecemos não estão ameaçados de extinção? E é ainda mais do que isso: há muitos animais que estão em extinção, ou que até já foram extintos, e que nem sabemos quais são, e talvez nunca chegaremos a saber. A humanidade nem chegou a descobrir que eles existem — e, mesmo ignorando a sua existência, condenamos muitos deles ao desaparecimento.

Há tantas espécies desconhecidas, tantas histórias não nascidas. A ação humana tem acelerado a extinção de inúmeras espécies, num ritmo que nunca houve antes. Falamos muito aqui sobre o tempo, o tempo profundo e lento que marca as mudanças passo a passo, num passo quase impossível de ser percebido. E, agora, temos esse outro tempo extremamente acelerado, em que uma espécie é extinta porque não tem condições de acompanhar o ritmo com que seu contexto de vida se transforma.

Antes de Darwin, ainda era possível pensar que essas mudanças que o ser humano provoca nas outras espécies poderiam ser pequenas, reversíveis; que, se a natureza criou, digamos, um mico-leão-dourado uma vez, não teria problema se ele fosse extinto por nós, porque a natureza iria criá-lo de novo. Mas o que Darwin mostra é que todas as mudanças são definitivas, e nos direcionam para algum outro lugar; o que a natureza faz o tempo todo é buscar soluções diante das circunstâncias, sejam elas boas ou más do nosso ponto de vista — pouco importa. O mesmo mico-leão-dourado não vai ser criado duas vezes: todas as formas são únicas, e todas as mudanças são definitivas. Uma vez extinta, a espécie leva consigo as inúmeras histórias que carrega; são extintos os sinais que apontam para um passado imenso.

* * *

Nessa leitura atravessada e ziguezagueante das mais de seiscentas páginas de *A origem das espécies*, aterrissamos no capítulo 14, o último do livro, que se chama "Recapitulação e conclusão". Nele, Darwin nos revela que não é tanto com os naturalistas do presente que ele está falando: "[...] é para o futuro que eu dirijo meu olhar confiante, para os naturalistas mais jovens ou em formação, que serão capazes de apreciar ambos os lados da questão de modo imparcial".[34]

Depois de falar tanto do passado, ao final de seu longo argumento, Darwin projeta sua história para o futuro: ele fala com um tempo por vir, com os naturalistas em formação, e talvez com aqueles que ainda nem nasceram e que já terão nascido num mundo penetrado por uma ideia como a sua. Desde o começo, Darwin se preocupou em escrever um livro que não fosse apenas para o público especializado. Ele tem a consciência de que está falando, em última instância, até mesmo conosco, hoje, mais de um século e meio depois.

> A história inteira do mundo, tal como hoje a conhecemos, embora tenha uma extensão inconcebível para nós, será tomada, daqui em diante, como um mero fragmento de tempo, se comparada às eras

> que intercederam desde a primeira criatura, progenitora de inumeráveis descendentes, extintos e vivos.
>
> Vejo abrirem-se, em um futuro distante, campos para pesquisas mais importantes do que essas. A psicologia ganhará uma nova fundação [...]. Uma luz sobre o homem e sua história será lançada.[35]

E o que nós, que estamos no futuro, podemos fazer com tudo o que Darwin nos entregou?

Para encerrar o *nosso* último capítulo, queremos propor uma analogia. As analogias, como vimos com o próprio Darwin ao longo de toda essa jornada, são comparações, modos de juntar duas coisas quaisquer que existam no mundo a partir de um mesmo critério. Quando se diz, por exemplo, que a juventude está para a primavera assim como a velhice está para o inverno — esta é uma analogia. E, quando a analogia funciona, quando é bem-feita, ela nos faz entender as coisas de imediato, dá um estalo e ilumina elementos que estavam ocultos, ou difíceis de perceber. O pensamento de Darwin é coalhado de analogias: olhando para as ilhas Galápagos e para as variações nos bicos dos tentilhões, foi por analogia que ele entendeu como ocorrem variações maiores nos continentes. Lendo as ideias de Thomas Malthus sobre a superpopulação humana, Darwin fez uma analogia para perceber como as espécies na natureza lutam entre si pelos recursos disponíveis. Ao começar seu livro com a analogia entre a seleção artificial e a seleção natural, ele quer que seu leitor também tenha um estalo, como esses que ele mesmo teve.

Mas vamos agora olhar para outra analogia, uma bem mais antiga, de um conto chinês datado de 300 a.C., escrito pelo filósofo Mêncio. A analogia entre uma montanha desmatada e os sentimentos humanos:

> Houve um dia uma montanha coberta de belíssimas árvores. Até que vieram pessoas da cidade mais próxima e derrubaram essas árvores com seus machados e facões. Derrubaram uma por uma, e a montanha perdeu sua beleza. Mas, ainda assim, o ar da manhã e o ar da noite vieram até a montanha, e a chuva e o orvalho umedeceram-lhe a terra. E foi assim que começaram a brotar coisas novas na montanha, espalhadas aqui e ali. Mas logo vieram ovelhas e bois e vacas, e pastaram nesses brotos novos até que, no fim, a montanha ficou seca e estéril como nós a vemos hoje. E, vendo-a assim, as pessoas imaginam que ela sempre foi assim, desarborizada desde o início. Assim como o estado original da montanha era bastante diferente do estado em que ela é vista agora, também em todas as pessoas, embora seja pouco visível, certamente houve um dia nelas sentimentos de decência e bondade; e, se esses sentimentos não mais se encontram, é porque foram revolvidos, derrubados com machados e facas. Com cada dia que nasce, sofrem novos ataques.[36]

O conto de Mêncio nos dá a visão da montanha no seu tempo profundo: sabendo da sua história, podemos ver não apenas a sua superfície seca e estéril, mas também todas as camadas daquilo que ela já foi, que se mantêm invisíveis na montanha atual. A partir dessa montanha que esconde muitas outras montanhas possíveis, montanhas passadas (e que ganha contornos tristes no momento presente, à luz dos desmatamentos que temos provocado pelo planeta), o conto aponta para os seres humanos — que também escondem dentro de si, mesmo que ignorem, muitos outros sentimentos além daqueles que estão expostos agora. Vamos aproveitar a imagem de Mêncio e seguir na sua toada: além dos sentimentos humanos, continuemos ainda na trilha das analogias possíveis. Assim como a montanha, assim como as pessoas, todos os seres vivos sobre a Terra também escondem muito mais do que aquilo que vemos quando olhamos para eles; nos enganamos ao imaginar que as suas formas foram sempre assim. Atrás das histórias contadas, há muitas histórias escondidas, não contadas. O que Darwin nos oferece é como a visão dessa montanha coberta de árvores e o longo percurso que ela sofreu para se tornar o que é hoje; com Darwin, aprendemos que todos os seres vivos ao redor — e, aliás, não só ao redor, mas também nós mesmos, seres humanos — têm um lastro numa história invisível. Darwin aguça o ouvido para escutar não só aquilo que está diante dele, não só as formas atuais, mas também as formas dos outros tempos, os tempos profundos; Darwin escuta suas possibilidades através dos sinais que existem sobre a Terra. Ele está tão interessado nas histórias contadas quanto naquelas não contadas.

* * *

"É fascinante contemplar a margem de um rio", escreve Darwin no último parágrafo do seu livro, que reproduzimos logo em seguida. Ao ler esse parágrafo, perceba como, além de Darwin ser um sujeito interessado em buscar uma resposta, uma teoria que dê conta de explicar a diversidade da vida no planeta, tão certeira e sintética como a lei da gravidade de Newton que explicou as forças físicas do universo — perceba também como Darwin é alguém que, procurando explicações para o mundo, não deixa de se maravilhar com ele. Alguém que fica fascinado com a margem de um rio; que tem gosto pelas coisas que existem. Ele compõe uma cena:

> É fascinante contemplar a margem de um rio, confusamente recoberta por diversas plantas de variados tipos, os pássaros

cantando nos arbustos, os mais diferentes insetos voando de um lado para o outro, vermes deslocando-se pelo solo barrento, e refletir, por um instante, que essas formas, construídas de maneira tão elaborada, tão diferentes entre si e dependentes umas das outras por vias tão complexas, foram produzidas sem exceção por leis que atuam ao nosso redor. Tomadas no sentido mais amplo, essas leis são: o crescimento com reprodução; a hereditariedade, praticamente implicada na reprodução; a variabilidade, pela atuação direta ou indireta das condições de vida externas e por uso e desuso; e uma taxa de crescimento populacional tão alta que leva a uma luta pela vida e, como consequência, à seleção natural, resultando na diversificação de caracteres e na extinção das formas menos aprimoradas. E assim, mediante uma guerra travada na natureza, que produz a fome e a morte, realiza-se, sem mais, o objetivo mais elevado que poderíamos conceber: a produção dos animais superiores. Há algo de grandioso nessa visão da vida que, com seus poderes únicos, foi soprada em umas poucas formas, senão em apenas uma; e, enquanto este planeta segue girando conforme as leis da gravidade, as mais belas e maravilhosas formas orgânicas evoluíram e continuam a evoluir de acordo com um princípio tão simples como o aqui exposto.[37]

As mais belas e maravilhosas formas, que remontam a uma só forma ancestral, contam histórias — algumas delas foram *aqui* expostas. Quanto às infinitas outras que se mantêm à espera de serem desenvolvidas, resta a pergunta: "será que teremos paciência para escutá-las?".[38]

Entrevista

Pedro Paulo Pimenta*

Como eram as ciências naturais antes de Darwin?

A biologia como ciência é uma invenção da segunda metade do século 19. Ou seja, as teorias, os conceitos e os procedimentos experimentais da biologia tais como nós os conhecemos hoje começaram a surgir como práticas padronizadas e codificadas naquele momento. Antes disso, o que existe no Ocidente é um pensamento biológico. Este pensamento começa com Aristóteles.

Aristóteles escreveu três ou quatro livros muito importantes sobre o estudo dos animais; ele era um naturalista muito competente e desenvolveu um princípio pelo qual nós compreendemos os animais até hoje. Ainda pensamos os seres vivos de um modo aristotélico, ou seja, ainda olhamos para a forma do ser vivo e tendemos a decifrá-la em termos da identificação de funções. Como se a forma que um ser vivo tem respondesse a uma determinada função. Quando vemos a espécie humana, percebemos que ela tem certas características anatômicas e fisiológicas que parecem

---

* Entrevista realizada no dia 22 de outubro de 2019, no bairro de Higienópolis, São Paulo (SP). O texto passou por edição do próprio entrevistado, que o adaptou para o formato do livro.

apontar para o exercício de determinadas funções. Um caso clássico são as mãos. As nossas "patas" são especificadas de tal modo que conseguem desempenhar funções que outros animais não desempenham, ao mesmo tempo que nós somos privados de funções que eles realizam. Quando tentamos andar sobre quatro patas, é uma tarefa praticamente impossível. Mesmo o bebê se apoia sobre os joelhos, ele não é quadrúpede.

Nos estudos dos animais, o funcionalismo tem as suas maravilhas. Quando nós, por exemplo, olhamos para a dentição dos diferentes mamíferos, podemos perceber que, dependendo da configuração da dentição, esses mamíferos são adaptados ao consumo da carne ou primordialmente ao consumo dos vegetais. E analisando a dentição você pode — e aí a maravilha do funcionalismo — antecipar de alguma maneira a configuração do aparelho digestivo.

Há uma característica essencial do pensamento biológico aristotélico que vai sobreviver ao longo dos séculos, não só na Antiguidade clássica, como no que chamamos de Idade Média e nos séculos posteriores, na época moderna também. É a ideia de que a identificação das partes anatômicas, nas suas especificidades, permitiria uma classificação dos seres vivos. Essa classificação é, por assim dizer, um mapa que vai dar ao naturalista uma imagem do que é esse mundo dos organismos. Vamos conseguir dispor esses animais e plantas numa determinada ordem, embora eles tenham uma variedade praticamente infinita. O apogeu dessa ideia está no naturalista sueco Lineu, que em meados do século 18 propôs um *sistema da natureza*.

E aí é interessante, porque o pensamento classificatório também tem os seus segredos e os seus momentos que são propícios a nos causar um certo sentimento do maravilhoso. Para identificar o que é de fato comum, é preciso antes discernir com acuidade as diferenças. Pode parecer mais simples realizar uma classificação dos mamíferos do que das plantas, por exemplo. Porque nós estamos acostumados com a forma do mamífero, inclusive porque é a nossa. Agora, quando olhamos para as plantas, fica mais difícil; então que princípio se pode adotar para realizar a classificação dos seres vivos? Ora, se temos um critério geral, que é o de aproximar os seres por identidades que são de fato distintivas daquele grupo, temos que saber o que separa esse grupo dos outros. Por outro lado, feito isso, temos que adotar um princípio, ou seja, qual vai ser a característica eleita como distintiva? Na época moderna, com Lineu, é o órgão sexual das plantas. Por que ele escolheu essa função? É uma escolha arbitrária.

Essas discussões são muito extensas. Mas o que quero enfatizar é que, desde Aristóteles, sempre existiu, no pensamento biológico ocidental, a ideia de que as formas se deixam interpretar pela identificação de uma funcionalidade: existiria, portanto, uma relação estreita entre forma e função. Nós tendemos a pensar, por exemplo, erroneamente, que a finalidade da espécie humana é raciocinar. Como se tudo o que existe no nosso corpo fosse voltado para o exercício da razão. O princípio funcionalista divisado por Aristóteles propulsionou o desenvolvimento da ciência, do pensamento biológico ao longo dos séculos.

Essa ideia é fortemente contestada por alguns que propõem, ao contrário, que a função é uma decorrência da forma. Não temos dentes *para* mastigar; se mastigamos, é porque temos dentes. Não temos os olhos *para* ver; se vemos, é porque temos olhos; e assim por diante. Essa inversão de perspectiva sugere que os seres vivos têm uma história. Na Antiguidade, essa é a posição de Lucrécio no lindo poema *Da natureza das coisas*; na modernidade, ela aparece em alguns filósofos, como Espinosa e Hume, e em naturalistas como

Buffon. Mas é uma posição minoritária. Com Darwin, porém, ela se impõe, porque na teoria da evolução os seres naturais são formas históricas. Se a forma, que determina a função, varia, esta última também poderá variar. Não existe ajuste fixo na natureza. Com isso, uma dimensão importante do aristotelismo se torna anacrônica, e a taxonomia tem que se flexibilizar: se com Lineu ela enunciava as coisas mesmas, agora ela as significa, e as significações têm de ser ajustadas constantemente, conforme o fluxo da natureza.

Mas como estão as coisas quando Darwin começa a estudar? O que acontece no pensamento biológico dessa época? Basicamente, temos um embate entre duas correntes que surgem na França. A vanguarda do pensamento biológico a partir da metade do século 18 é francesa — por uma série de razões que não vem ao caso desenvolver aqui —, e isso vai se acelerar e se intensificar no momento em que a Revolução Francesa vem e transforma uma importante propriedade do rei, o Jardim Botânico de Paris, em uma instituição de pesquisa pública, o Museu Nacional de História Natural, custeado pelo Estado francês. As pesquisas aí desenvolvidas não surgem da genialidade de homens que brotam do nada, é necessário um estímulo público, que seja capaz de apostar que alguma coisa vai sair de um embate incerto de teorias e de um jogo incerto de pesquisas. A grande pesquisa não é uma pesquisa que pode se desenvolver com o pressuposto de que "olha, isso aqui eu tenho certeza de que vai dar certo, então eu só vou investir nisso". Quando fazemos isso, estamos justamente no atraso.

O que os franceses perceberam na época da Revolução é que, se essas pesquisas deixassem de ser vinculadas a um proprietário privado, que era a Coroa, e passassem a ser de responsabilidade da república nascente, essa república teria ganhos materiais importantes. A pesquisa no Jardim do Rei (ou Jardim das Plantas) vai se transformar portanto na pesquisa do Museu de História Natural, que logo vai se beneficiar dos espólios da guerra que serão trazidos a Paris pelos exércitos de Napoleão. Quando o exército francês vai para o Egito, para a Rússia, para a Holanda, invade a Itália, ele é acompanhado de uma missão científica que faz escavação de solo, coleta de plantas e fósseis etc. Assim, Paris se transforma num centro de desenvolvimento do pensamento biológico. E o que temos no Museu de História Natural, durante a Revolução, como eu disse, é o surgimento de duas correntes principais, que depois entram na Inglaterra com toda força.

A primeira, que poderíamos considerar derivada do funcionalismo, embora não seja estritamente funcionalista, é representada pelo grande anatomista francês Georges Cuvier.

Você pode contar um pouco sobre Cuvier?

Cuvier desenvolveu um método de identificação de ossadas fósseis. Ele encontra uma parte de um esqueleto e deduz, funcionalmente, o resto do esqueleto. Ele trata os fragmentos de fósseis como se fossem parte de um cálculo, com variáveis conhecidas a partir das quais se pode determinar as desconhecidas. E Cuvier é plenamente bem-sucedido nisso, identificando os primeiros fósseis do que depois será chamado de megafauna do Pleistoceno: o mamute, o mastodonte, o megatério etc. Então, a partir disso, ele passou a receber ossadas fósseis do mundo inteiro para serem interpretadas e desenhadas por ele. O que Cuvier fazia era desenhar o animal. Se ele recebia ossos de São Petersburgo, por exemplo, devolvia um desenho do animal para lá, e isso propiciou aos museus e às instituições de pesquisa o que vemos até hoje: um esqueleto fóssil montado. Mas pouquíssimos desses esqueletos fósseis haviam sido encontrados integralmente.

As identificações se multiplicam, e o passado da natureza se torna mais denso, por assim dizer. Desde o início, Cuvier percebe que o fóssil é um marco de datação temporal. Esqueletos de animais com dimensões e formas similares são encontrados, em geral, nas mesmas camadas do solo. Isso sugere que o solo da superfície da terra é o arquivo da sucessão de épocas geológicas. O fóssil seria, então, um signo, que, devidamente decifrado, permitiria ao naturalista ouvir a silenciosa língua da natureza. Não é à toa que Balzac disse que Cuvier era, mais que um homem de ciência, um poeta: ele decifrou a língua da história da sucessão das formas, mostrando, para assombro dos seres humanos, que o "nosso mundo" é apenas mais uma etapa de uma imemorial sucessão de mundos.

Mas essa ideia de sucessão de épocas é ainda tímida em relação à que existe hoje. A ideia que temos veio de Charles Lyell, que estudou com Cuvier, que foi a Paris para aprender o que estava na vanguarda da ciência. As datações que Lyell realizou projetaram a história do globo para a escala dos milhões e milhões de anos. Ele chegou a datações que tornaram possível pensar aquelas que observamos hoje. Ao mesmo tempo, contrariou a ideia de Cuvier segundo a qual uma época se sucede à outra devido a catástrofes ou hecatombes naturais. Para Lyell, a dinâmica das formas naturais é tranquila; para Cuvier, a extinção se encontra no centro do processo.

A outra corrente de pensamento em voga na França é a de Jean-Baptiste de Lamarck, colega e adversário de Cuvier. Quando Lamarck morre, Cuvier faz um elogio fúnebre em que diz que praticamente tudo o que Lamarck pensou estava errado. Isso é uma coisa que um inimigo faz, cuspir no túmulo do outro. Mas vamos com calma.

Qual é a teoria de Lamarck? É interessante, porque, no pensamento de Cuvier, a anatomia e a fisiologia apontam para a ideia da integração funcional tal como fora posta por Aristóteles. Em Lamarck, o mesmo estudo aponta para uma coisa totalmente diferente, que é a ideia do desenvolvimento das formas orgânicas. Ou seja, uma forma orgânica é ligada à outra para um nexo de desenvolvimento. E, quando falamos em desenvolvimento, estamos falando principalmente da ideia de que os seres vivos vão se tornando progressivamente mais complexos. Ora, para Cuvier não existe isso. O ser vivo é adaptado às circunstâncias e, portanto, toda a integração fisiológica anatômica é a resposta a um determinado conjunto de imposições naturais. Nós respondemos a certas circunstâncias, e é por isso que a ideia de Cuvier tem um interesse — quando, por exemplo, vemos o aumento de doenças respiratórias nas grandes cidades e o aumento do número de mortes, estamos diante de um fenômeno de teor cuvieriano. Porque o seu aparelho respiratório deixa de responder ao meio, já que o meio se alterou rapidamente. Não fomos feitos para respirar a fuligem dos automóveis. Então, vamos sendo eliminados.

Também para Lamarck o ser vivo responde ao meio, mas a partir de determinações inscritas em uma forma germinal, primordial. Temos assim a ideia da escala dos seres vivos, dos mais simples aos mais complexos. Se a história da natureza para Cuvier é a história das revoluções, para Lamarck, é a história do aumento da complexidade do ser vivo. E aí surge aquela famosa ideia da adaptação em Lamarck: você incorpora alguma coisa conforme a imposição do meio. Para Lamarck, o ser vivo é maleável e, portanto, ele não sofre de maneira tão drástica as imposições do meio. Isto é interessante: o que Lamarck propõe é que, ao olharmos para a natureza tal como ela é dada para nós no momento, é possível encontrar a história completa da organização vivente. É uma organização que leva dos seres mais simples aos mais complexos. Lamarck estabelece duas séries: a série vegetal e a série animal. Prudentemente, ele não faz um nexo entre uma série e outra. Em ambas, há histórias paralelas de complexidade progressiva. No caso dos animais, o ponto mais alto dessa organização é justamente o homem. O caminho vai, vamos supor, do pólipo ou dos vermes até nós.

Na taxonomia percorremos o princípio descendente, saímos do homem e vamos vendo o que os outros animais vão deixando de ter em relação a nós, uma degradação progressiva. Isso é importante porque aí a taxonomia deixa de ser uma simples classificação e se torna uma reflexão mesmo. A primeira classe que vem abaixo do homem são os mamíferos, porque nós somos mamíferos. Em seguida, tenta-se identificar nos mamíferos qual é o mais inteligente, depois em quais deles as faculdades vão desaparecendo. Quando passamos dos répteis para os animais que vêm abaixo, notamos que o pulmão desaparece. É um órgão a menos e que estabelece, portanto, que se simplificou a organização animal. Enquanto, para Cuvier, temos uma classificação ramificada, em que os graus de complexidade podiam ser pensados em relação às circunstâncias.

As duas teorias, de certa maneira, são opostas, mas Darwin vai mostrar que, na verdade, elas são complementares. No capítulo 6 de *A origem das espécies*, no último item, Darwin explica justamente como Cuvier e Lamarck se complementam. Uma das vantagens que Darwin tem sobre os dois é que ele é um naturalista bem mais completo. A formação dele é mais ampla, ele estudou mais coisas, tinha formação em geologia, botânica, zoologia etc. Em Darwin, existe uma concepção que já é mais do século 19 — não foi ele que inventou isso, parece ter sido Humboldt — de que você tem que ir a campo para estudar. O que é diferente. Cuvier recebia os fósseis que lhe eram enviados de outras partes do mundo, mas ele trabalhava em um gabinete em Paris. Lamarck, que realizou o estudo dos vermes, tem um conhecimento dos vermes da Europa. Os animais dos quais eles falam são bichos europeus e africanos, essencialmente.

O que Darwin vai fazer é viajar. Daí a importância da viagem do *Beagle*. Mas, se ele não tivesse estudado antes, nunca teria feito nada com essa viagem, porque um monte de europeus fazia viagens já nessa época, mas sem ter as teorias. E o que Darwin vai perceber na viagem do *Beagle* é que essas explicações de Cuvier e Lamarck não servem quando tomadas enquanto tais, por si mesmas. São incompletas, parciais. Falta alguma coisa.

Darwin entende que elas precisam ser unificadas. Mas não se trata de um ecletismo, porque aí seria uma bobagem também. Darwin não fez simplesmente uma combinação, nem mesmo uma síntese entre duas coisas que já existiam. Ele se dá conta, ao mesmo tempo que Alfred Russel Wallace, mas separadamente, de que há uma circunstância determinante no estudo dos seres vivos que os outros naturalistas não haviam percebido: as espécies têm que ser entendidas como populações. O que isso quer dizer? Que os indivíduos interagem em grupos, grupos contra grupos e todos esses grupos em relação a um meio geográfico. Quando estudamos a natureza in loco, nos damos conta de que a relação do ser vivo com o meio não é estática. A ideia de população tem por característica o deslocamento, a migração.

Quando estudamos em campo percebemos que é assim. Os pássaros que estão num lugar, numa determinada estação do ano, vão para outro em outra estação. Eles migram. Para quem está em Paris observando, o pato é um animal doméstico. Então o estudo sobre o pato passa pelo filtro de uma ilusão, que é o da domesticação. E, quando se vem para o trópico, vê-se que o pato de Paris está aqui, que ele migra de um lugar para o outro em determinadas épocas do ano. Ao perceber isso, entendemos que a relação com o meio não se dá por uma adaptação funcional direta, como Cuvier havia pensado. E também não se trata da capacidade de absorver aquilo que o meio fornece, como Lamarck havia dito. Mas ocorre por uma dinâmica populacional, e aí é interessante pensar na economia política.

Aí entra Malthus.

Aí entra Thomas Malthus. O livro dele, segundo Marx, é um livro nefasto. E ele tem razão de considerar Malthus um autor nefasto. Eu, sinceramente, embora não seja marxista ou algo assim, não me sentiria à vontade sob nenhum aspecto em me definir como malthusiano, porque é um pensamento moralista, reacionário e hierárquico. Do ponto de vista dos problemas que nós temos para enfrentar hoje, Malthus não nos oferece nenhuma solução — a não ser que você seja uma pessoa disposta a se definir, não como um liberal, mas como um reacionário.

Uma técnica de controle da população pobre: é isso o que tem no *Ensaio sobre a população*, de Malthus. Mas mesmo esse livro foi escrito num tempo em que os livros eram multifacetados — há muitos aspectos ali. E o que Darwin e Wallace perceberam é que a lei de Malthus, que é de uma banalidade desconcertante, é uma analogia. Porque Malthus diz que a produtividade se dá em progressão aritmética e o crescimento da população se dá em progressão geométrica. Mas por que ele está dizendo isso? Porque ele está olhando e percebendo que estatisticamente é mais ou menos assim. Então, Malthus diz que nunca vamos conseguir sustentar a população no ritmo em que ela cresce. Depois, na segunda edição do livro, ele diz algo como: "não, na verdade temos um controle, que é o controle moral das populações". Sabe o que é o controle moral? Os pobres precisam parar de se reproduzir, e, para parar de se reproduzir, eles precisam parar de ter relações sexuais. Para isso acontecer, seria bom que se tornassem puritanos estritos, como as classes dirigentes, que (supostamente) sabem se conter. Isso é a Inglaterra vitoriana, para quem tem estômago: um mundo onde o prazer da carne é visto com maus olhos, um mundo pronto para ser demolido pela psicanálise. Mas a ideia, embora tola, tem o seu lado interessante. É uma analogia matemática. E aí Darwin e Wallace dizem: "mas na natureza não há o controle moral!".

Quando percebemos que o crescimento da população na natureza é desgovernado, o que estamos afirmando é o seguinte: o poder de multiplicação dos seres vivos, a sua capacidade de propagação, não tem uma relação proporcional ou racional com o meio. Só que aí Darwin e Wallace perceberam também uma coisa importante: na natureza, o meio não é só o recurso vegetal e o recurso mineral. São os outros animais também. Os seres vivos se devoram e se destroem uns aos outros por uma questão de sobrevivência. Um ser se alimenta do outro, e isso se dá na disputa por espaço, por um território. De modo que a metáfora é política. É metafórico e é político. O paradoxo é o seguinte: quando estamos em Cuvier e em Lamarck, temos uma reflexão mais puramente biológica, vamos dizer assim. Precisamos *desbiologizar* um pouco, precisamos de uma analogia para descobrir alguma coisa que não estamos vendo. Vamos portanto esquecer essa ideia de funcionalismo, de uma integração entre forma e função. E vamos pôr de lado a evolução como escala. Agora, passemos a pensar num desequilíbrio entre as necessidades do ser vivo e o que existe para sustentá-lo. Significa que alguns grupos de indivíduos terão que ser eliminados. E significa também que a evolução não é linear, mas ramificada: sobrevive quem se adapta bem às circunstâncias.

Resumindo: em Lamarck, temos aquela ideia da progressão; em Cuvier, da adaptação; e, em Darwin, reavaliamos e reformulamos um pouco as duas. Na verdade, as duas se juntam e as duas se desmancham. É uma absorção estranha porque vai, de certa forma, mitigar as duas teorias. Temos um vestígio da ideia de Lamarck de um desenvolvimento do ser vivo, mas aqui se trata de um desenvolvimento no sentido de uma maleabilidade das formas. E mesmo isso vai ter que ser pensado no registro cuvieriano da adaptação às circunstâncias, isto é: o que vai tornar um ser apto à sobrevivência não é a complexidade dele, mas a capacidade que tem de responder às circunstâncias.

Quando ficamos nessa reflexão lamuriosa sobre o fim do mundo, na segunda década do século 21, Darwin nos mostra, em *A origem das espécies*, que o mais bem-adaptado não é necessariamente o mais complexo. Embora tenda a haver uma correlação entre essas duas coisas, você não pode transformar isso em uma lei necessária, não existe evidência para tanto. Então pode ser que o mundo esteja acabando para nós, porque nós não estamos preparados para lidar com o mundo tal como ele está se tornando. Ora, isso quer dizer o quê? Isso quer dizer que a nossa capacidade de adaptação se mostrou falha. Assim, a razão não vai resolver os nossos problemas. Falta-nos instinto? Não saberia dizer, mesmo porque Darwin não era um adivinho da natureza.

Eu gosto de chamar a atenção para o que o livro de Darwin tem de radical, sobretudo na primeira edição [de 1859]. Ali ele demonstra isso, que não somos superiores aos outros animais. Acho que é um pensamento muito valioso para nós. Quando afirmamos que o homem é superior ao resto da natureza, porque ele tem sentimento moral ou porque ele tem uma razão, isso é simplesmente um cristianismo sem Deus. Uma teologia sem fé. Melhor pensar a forma humana como a solução, altamente complexa e bem-adaptada, para uma série de problemas surgidos alguns milhares de anos atrás — quando a nossa forma, ao que tudo indica, começou a se insinuar sobre outras similares e a se impor a elas.

Vale a pena pensar no Adam Smith, numa mão invisível que regula a natureza?

O que é a metáfora da mão invisível, de Adam Smith? É o seguinte: as relações econômicas são feitas sob o signo das paixões, que controlam a imaginação dos seres humanos. Isso quer dizer que eu persigo o meu interesse pessoal e você persegue o seu. Eles são contraditórios, são conflitantes. Eu não tenho consideração pelo seu, assim como você despreza o meu. Mas, então, atuando sob a salvaguarda de leis claras e aplicadas de maneira constante, nós fazemos contratos e acordos, e convergimos e formamos uma ordem. E qual é a virtude dessa ordem? É que, quando o Estado se exime de interferir diretamente nessa ordem, o que acaba acontecendo é que ele se beneficia porque nós produzimos riqueza e ele arrecada, sendo assim capaz de cumprir suas funções públicas. A prioridade do liberalismo clássico não é garantir o direito do indivíduo contra o Estado, mas sim a integridade do Estado contra as duas ameaças que o rondam: a destruição interna e a ameaça externa. Manter a ordem, garantir o bem-estar e se defender. Bom, aí temos uma metáfora médica. Quais são as duas categorias principais da doença na medicina dos séculos 18 e 19? As doenças que nos atingem de fora e as que são geradas dentro de nós. A economia política é a arte de curar essas doenças metafóricas, promovendo a circulação dos bens, evitando as crises (que são os momentos em que essa circulação é interrompida) e garantindo a saúde do corpo político pela prosperidade da terra, pelo cultivo das manufaturas e pela qualidade da mão de obra. A mão invisível é a metáfora que explica essa ordem que, em boa medida, se produz e se organiza a si mesma.

Quando vamos para a história natural, com Darwin, cabe sim, em certa medida, falar em mão invisível. O nome dessa mão invisível é seleção natural. Daí a beleza da teoria de Darwin. Ela tem dois princípios. Para entender a forma dos seres vivos, tal como os encontramos diante de nós, é preciso levar em consideração em primeiro lugar que a natureza seleciona os mais aptos. Isso não é uma causa, é um efeito. A causa é que não há comida para todo mundo, então essa seleção acontece. E, em meio a ela, prossegue a transmissão hereditária, que adota as transformações. Assim, por um lado, temos um princípio externo de conservação do ser vivo, que é a seleção natural, e, por outro, temos a transmissão hereditária como princípio interno, que se dá pela reprodução. Isso é lindo, porque a hereditariedade é também um ponto cego. Na época de Darwin, não se sabia como era a reprodução no nível dos genes. Ele não sabia. E ele ainda vivia num tempo em que as pessoas tinham uma maturidade, sem a qual a ciência não consegue avançar, de reconhecer o que elas não sabem. Isso nós perdemos, e estamos em maus lençóis. Nós achamos que, quanto mais soubermos, mais soluções teremos. E achamos que sabemos mais do que de fato sabemos, só porque sabemos muito. Darwin, não. Ele avisa: a minha teoria vai avançar, mas tem seus pontos cegos, este, esse e aquele. O principal ponto cego é o mecanismo da hereditariedade.

E nós desaprendemos uma coisa que Darwin sabia: o homem não está no topo. Nós desaprendemos isso, e estamos perdidos achando que fazendo uma reunião em Paris, e fazendo protocolos climáticos em uma cidade onde não há uma árvore que não tenha sido plantada por um ser humano, e em exposição geométrica ainda por cima, vamos conseguir resolver um problema que fomos nós que criamos. Se você subir a temperatura do globo em um ou dois graus, é possível que o ser humano desapareça, porque não está adaptado para isso. Mas o mundo vai continuar aí.

Quando lemos *A origem das espécies*, percebemos que o mecanismo da vida é a destruição, é a morte. Não é à toa que, quando Freud leu esse livro, ele chegou na pulsão de morte. É a morte que está moldando as formas, é a destruição que está fazendo com que a vida seja perpetuada. A gente não gosta de ouvir isso. Gostamos do mundo radiante, em que o ser vivo se afirma, em que o fato de ele ter se tornado um ser racional lhe confere uma capacidade inesgotável, porque aí ele passa a calcular soluções etc. Parece que não vem dando muito certo.

Além do que, o processo da seleção natural é cego. A natureza não é cega apenas na relação entre a multiplicação dos seres vivos e os recursos da sua sobrevivência, mas também na solução. Porque a natureza vai resolvendo conforme o problema vai se pondo, é uma bricolagem que ela faz.

Voltando ao livro* A origem das espécies*, você pode contar um pouco do processo da escrita de Darwin e da recepção que o livro teve quando foi lançado?

O livro tem uma história fascinante. Darwin chegou a uma primeira versão da teoria da seleção natural com transmissão hereditária em 1842. É o primeiro esboço. Em 1844, ele faz um ensaio em que a teoria está praticamente resolvida. Ali, já podemos ver o arcabouço de *A origem das espécies* pronto, a teoria já está formulada. Ora, mas ele percebe que a teoria é ousada demais para a quantidade de dados que tem, e que precisa reunir mais dados. Darwin começa a escrever um livro que terá quatro, cinco, seis volumes. Um livro monumental.

Em 1858, catorze anos depois de ter escrito o primeiro ensaio, Darwin continua trabalhando nesse livro. Ele já escreveu sete capítulos. O manuscrito desses sete capítulos tem três ou quatro vezes o tamanho de *A origem das espécies*. E o livro inteiro teria mais tantos outros capítulos.

A diferença entre *A origem das espécies* e esses capítulos é a quantidade de informações. Darwin estava escrevendo uma obra que era praticamente demonstrativa. Todos os exemplos e contraexemplos que pudessem ser utilizados e também os casos que pareceriam desmentir a teoria são analisados meticulosamente. Aí, em 1858, enquanto Darwin estava ocupado escrevendo isso, Alfred Russel Wallace, que estava lá na Malásia fazendo pesquisa de campo, tem um delírio febril, formula uma teoria da seleção natural a partir de Malthus e manda uma carta para Darwin dizendo algo como: "Olha que ideia genial que eu tive". Darwin congela, pensa: "E agora o que eu faço com essa ideia que eu já escrevi, mas não publiquei?". Seus amigos em comum sugerem o seguinte: que as duas formulações do princípio da seleção natural sejam apresentadas na Sociedade Lineana de Londres ao mesmo tempo.

Qual é a diferença entre as duas formulações? Na seleção natural de Wallace, há um resquício que vem desde a Antiguidade, desde o estoicismo grego, passando pelo século 18, que é a lei da economia compensatória. É a ideia de que, quando a natureza economiza numa parte, ela compensa na outra, ou, para gastar numa parte, ela tem que poupar em outra. Por exemplo: nós, diferentemente dos pássaros, não temos asas, o que significa que a musculatura das nossas costas tem que ser mais desenvolvida em relação ao restante do corpo do que nos pássaros, onde tudo pode funcionar em função da asa. Darwin diz que isso é contingente, que essa lei pode se verificar aqui e ali, mas não é determinante na seleção natural. A seleção natural não obedece a nenhum princípio de designio. Para Wallace, não, a compensação se encontraria por toda parte. Mas o artigo de Wallace também é lido em 1858, porque tem o mérito da descoberta.

Em seguida, os amigos de Darwin dizem para ele parar de escrever o seu grande livro e publicar imediatamente um resumo do argumento. Aí Darwin escreve *A origem das espécies* fazendo o resumo. Ele pega o ensaio de 1844, junta com os dados que conseguiu reunir depois e transforma tudo isso no livro que conhecemos. O livro tem, se a gente quiser, três partes. É bem desigual nessas partes. A composição dele é estranha do ponto de vista literário e científico.

Quando abrimos a *Filosofia zoológica*, de Lamarck, ou *As revoluções da superfície do globo terrestre*, de Cuvier, sobre os fósseis, percebemos que as obras têm um plano metódico. No livro de Darwin, temos um argumento a ser exposto e demonstrado — são as demonstrações que vão ditar a ordem. Então, ele não é metodizado. Darwin começa falando de seleção por domesticação, para mostrar que as formas naturais são maleáveis. Conseguimos moldar raças de pombos como se conseguiu moldar raças de cães, de bois, cavalos etc.

Quando Darwin mostra que existe portanto uma seleção natural, ele expõe qual é o princípio dela. É a luta pela existência. E aí estabelece, no capítulo cinco, as leis de variação. Essa é a teoria. Depois, vem o capítulo seis (que é o mais fascinante), das dificuldades relativas à teoria, no qual Darwin se esmera nos exemplos. Esses exemplos mostram que a potencialidade de modificação é praticamente irrestrita. Para Darwin, a taxa de modificação a que as formas vivas podem se submeter é incalculável, você pode se tornar qualquer coisa. O exemplo mais bonito é o do urso selvagem que se alimenta de insetos nos rios e que pode, um dia, dadas as condições, virar cetáceo. Ele pinta um cenário em que milhões e milhões de anos acabariam por transformar um urso em um animal similar a uma baleia.

A pata do cão labrador tem uma semelhança tão grande com a de um cão terrier quanto com a pata de um pinguim. Com exemplos como esse, Darwin quer mostrar que a ideia de que existem formas intermediárias, que desenham o passo a passo entre uma espécie e outra, é insuficiente. O que vemos aí são indícios de que a variação pode apontar para qualquer lado, até mesmo aproximando, aparentemente, pinguins de cães. Isso é importante. A anatomia do século 18 estava presa numa coisa que é muito clara, muito evidente: os animais mamíferos, por exemplo, são todos muito parecidos quando temos só o esqueleto. Todos os cães se deitam do mesmo jeito, especialmente quando querem pedir carinho. Existem outros mamíferos que não são cães e se deitam assim também. Dessa maneira, estamos muito mais presos nas similaridades estruturais do que nas pequenas variações. E elas são tanto anatômicas quanto de comportamento. Tendemos a considerar o secundário como hierarquicamente inferior, e o que Darwin faz é inverter: o secundário é o determinante na seleção, é o que vai fazer com que uma forma sobreviva e a outra se extinga. Tudo se dá por pequenas diferenças: se há, por exemplo, membranas entre os dedos da pata ou não. Um cão labrador é assim porque ele é um cão que pesca. O urso que viraria cetáceo é um urso pescador. Agora, a semelhança entre a forma do urso e a forma de uma baleia, de um peixe-boi ou de um golfinho é sugestiva. É absurdo dizer que eles são seres aparentados, mas não deixa de ser muito sugestivo da maleabilidade das formas. A da espécie humana não é diferente. O que significa que Darwin está pedindo para abrirmos a lente e olharmos a história da natureza como sendo um processo constante de transitoriedade. Nesse processo, a forma pode ir para qualquer lado.

Mas, seguindo no livro: passado o capítulo seis, e examinadas as dificuldades relativas à teoria, Darwin vai tratar de um problema interessante, o problema do instinto, que é uma variável forte para a ideia de seleção natural e de hereditariedade. Porque o instinto é considerado por Darwin não como a capacidade de aprender, mas como a capacidade de fazer sem ter aprendido, de já nascer sabendo fazer. Aí ele fala numa certa formiga escravizadora. O escravizador só sabe fazer suas coisas se o escravo estiver à mão. A formiga escravizadora é assim: se o senhor ficar separado do operário, mesmo que ele tenha comida ao seu lado, ele morre de inanição, porque ele precisa do operário, que já nasce sabendo alimentá-lo. É uma solução adaptativa altamente complexa, que prova que o instinto é hereditário, sendo transmitido de uma geração a outra. Quando estava traduzindo *A origem das espécies*, eu anotei na margem: *Brasil colônia e suas ramificações*.

Depois vem o que eu chamei de terceira parte do livro, menos lida e pouco comentada: é aquela onde são tratados os problemas geológicos e a distribuição geográfica. Só tendo passado pelas considerações sobre geologia e geografia é que podemos examinar as afinidades mútuas entre os seres. Porque aí se mostra que a dinâmica do desenvolvimento das espécies é uma dinâmica geológica e geográfica. Pela geologia, nós temos a superposição das eras e a distensão da história da terra num tempo profundo, imemorial; pela geografia, temos o deslocamento indeterminado dos seres vivos no espaço. E é por esses dois motivos que temos, por exemplo, um peixe como o atum nos oceanos Índico, Atlântico e Pacífico e no mar Mediterrâneo. O atum é uma forma que tem uma história — é um animal que, ao longo de milhões de anos, desenvolveu e aprimorou dispositivos muito complexos de adaptação. Ele não se adaptou a um lugar fixo; aprendeu a migrar de um lugar para outro. As espécies de atum, muito similares entre si quanto à anatomia e à etologia, apresentam diferenças que, no entanto, são determinantes para eles viverem onde tem determinada corrente ou outra, uma tal profundidade ou outra, essa pressão ou aquela, esse animal rival ou aquele. Essa adaptação, que se dá no tempo, é também um processo dinâmico no espaço.

O livro tem essas partes que são um pouco desconjuntadas. Um naturalista mais metódico, que escrevesse num estilo mais clássico, teria feito o livro de outro jeito, um *A origem das espécies* menos demonstrativo e mais teórico, mais enxuto, mais fácil de entender à primeira vista. O que é um pouco intrigante no livro é isto: nós vamos lendo e, às vezes, perdemos o fio da meada, porque ele é como um romance à moda do século 19. Se você lê Dickens durante alguns dias e depois fecha o livro e só volta dali a um mês, você perde o fio. Stendhal também é assim, os russos, todos eles. É o que eu recomendo com Darwin, que se leia aos poucos, mas sempre. Um dia você lê um capítulo, no outro dia você lê outro, e o quebra-cabeça vai se montando dentro de você.

Quanto à recepção do livro, ele teve muito êxito porque se tratava de uma obra original. As pessoas perceberam isso. Então valia a pena ler nem que fosse para discordar. Foi um sucesso retumbante, logo traduzido para o alemão, depois para o francês e para muitas outras línguas.

Eu terminei minha tradução no começo de 2018. Por uma série de fatores, que têm a ver com o momento que estamos vivendo, o livro passou a ser considerado, da noite para o dia, uma obra perniciosa. Há faculdades no Brasil que ensinam teorias criacionistas hoje. Sem falar nos grupos, sobretudo em países de primeiro mundo, mas também aqui no Brasil entre as classes mais ricas, que optam por não se vacinar ou não vacinar seus filhos. O vírus não é um ser vivo propriamente dito, mas é um agregado populacional, e tem milhões de partículas que, em conjunto, estão tão engajadas na luta pela sobrevivência quanto nós. Ocorre que o nosso corpo é o meio de proliferação deles, o lugar em que eles prosperam e se perpetuam. Então, quando você deixa de tomar uma vacina por causa de uma opinião ou em defesa da liberdade — haveria noção mais vaga, mais abstrata? —, você está basicamente facilitando a destruição de um indivíduo que será tolamente sacrificado numa luta pela sobrevivência que não teria de ser tão letal.

Com isso, tornou-se novamente relevante ler *A origem das espécies*. Mas não gostaria que fosse por esses fatores. Eu gostaria que estivéssemos refletindo só sobre o que há de interesse literário, científico, filosófico, sociológico etc. no livro. Que pudéssemos ter uma discussão séria sobre ele, o tempo inteiro. Mas infelizmente o que acontece, mesmo em sala de aula, é que temos que ressaltar o tempo inteiro que o livro tem um valor teórico intrínseco. Ainda temos que fazer essa defesa, porque a ideologia, graças às redes sociais, está por toda parte, e entra na cabeça das pessoas com muita facilidade. Nunca a tolice teve um campo tão vasto para se disseminar.

Por fim, queríamos perguntar se você pode voltar às noções de tempo que vêm de Charles Lyell, de Cuvier, e explicar como elas chegam a Darwin.

A gente pode contrapor esse tempo geológico ao tempo das religiões monoteístas. São religiões escatológicas, isto é, elas têm uma perspectiva temporal finita. O tempo é finito tanto para trás como para a frente. Temos um início e um fim, e temos uma história fechada. O judaísmo, o cristianismo, o islã e outros monoteísmos, todos trazem uma perspectiva escatológica, quer dizer, algo acontecerá no fim dos tempos que dará o sentido da história. Existe uma tendência em relação ao fim. Do ponto de vista da leitura que eu faço de *A origem das espécies*, o que o livro oferece para nós? A possibilidade de não pensar em termos de uma redenção, de não pensar em um sentido. De não pensar que o que fazemos vai se resolver em alguma coisa que é uma síntese ou uma solução definitiva, ou um estágio superior de desenvolvimento das nossas capacidades ou da nossa história orgânica. Gostamos de nos agarrar à ideia de que há um sentido futuro que está sendo posto no presente. Só que a experiência desmente isso. Quando o *Homo sapiens* e o neandertal se encontravam, conviviam, miscigenavam-se, entravam em conflito lá nas cavernas da Europa, eles não estavam pensando no futuro da humanidade, eles estavam se comportando como bons animais. O que a experiência mostra, desde sempre, é a vacuidade das nossas intenções. Eu acho interessante pensarmos nisso, porque aí vamos poder reconhecer a glória do estado presente, com todos os seus problemas. Se pensarmos darwinianamente como espécie, entenderemos que estamos no momento presente e que o que temos é o que está aí — quer dizer, o que está dado desde o momento em que podemos identificar processos históricos assimiláveis ao nosso tempo presente, por mais que isso tenha algo de ilusório. O nosso ponto de desenvolvimento é este, de agora. Será que ele vai para a frente — se você quiser usar essa metáfora — ou vai se ramificar? O tronco evolucionário das aves, por exemplo, teve um desenvolvimento completamente distinto daquele dos mamíferos, e elas me parecem perfeitamente satisfeitas com o que têm. Um cachorro e um gato prescindem da fala, e o fato de não falarem não acarreta uma série de complicações com as quais nós temos de nos haver. Eles conseguem se comunicar conosco sem a fala e a gente aprende a se comunicar com eles assim também. Aprendemos com os animais a vacuidade da linguagem discursiva.

Enfim, que portas *A origem das espécies* abre, filosoficamente? O livro nos oferece a possibilidade de pensarmos alguma coisa em nós mesmos que não é humana, de relativizar isso que costuma ser dado como mérito da nossa espécie. De fato, é um livro que faz mal para quem gosta de dar sentido a tudo e ver no ser humano o centro da criação ou do mundo. Pensar sem finalidade é mais difícil, mas Darwin é um aliado poderoso para isso. No meu entender, é o mais poderoso que eu conheci até hoje, mais do que, por exemplo, Nietzsche. Darwin consegue abrir uma perspectiva que Nietzsche recusa. Assim como, cientificamente, *A origem das espécies* não está esgotado, ele causa um impacto filosófico que também não está esgotado. Sem mencionar a beleza de um livro tão estranho, tão instigante.

Entrevista

Maria Isabel Landim*

No século 19, havia muito diálogo entre a ciência e a literatura. Como você vê* A origem das espécies *dentro desse contexto?

Esse livro de Darwin é um híbrido entre literatura e ciência — ele ficou famoso assim. As pessoas perguntam por que foi essa a obra que ficou conhecida, e não o trabalho dele com Wallace, que é um trabalho científico, de formato acadêmico. Darwin foi um grande estrategista: boa parte dos exemplares de *A origem das espécies* foi vendida para um clube literário que tinha um esquema de empréstimo, um rodízio. As donas de casa liam Darwin: elas recebiam os títulos por assinatura, pela biblioteca. Então, boa parte da primeira edição, eu acho que 500 exemplares, dos 1 250 que foram distribuídos, foram comprados para esse clube literário. O livro de Darwin entrava na casa das pessoas, não era só voltado para especialistas. E é isso, na verdade, que dá um caráter literário à obra, como também é o caso desses livros de divulgação científica que fazem muito sucesso hoje — digamos os livros de um prêmio Nobel de economia.

---

* Entrevista realizada no dia 10 de fevereiro de 2020, no Museu de Zoologia da Universidade de São Paulo, no bairro do Ipiranga, São Paulo (SP). O texto passou por edição da própria entrevistada, que o adaptou para o formato do livro.

Como é a sua pesquisa a respeito da importância dos museus para a ciência do século 19?

Se a gente for pensar a respeito da teoria da evolução, uma das coisas que chamam a atenção é: por que ela só ocorreu no século 19? A física tinha feito a revolução dela muito antes; por que a revolução justamente na área das ciências da vida foi acontecer no século 19?

Eu acho que uma das respostas para isso é: porque nós fazemos parte desse conjunto. E as pessoas tinham muita dificuldade, tinham um temor muito grande em relação às consequências de dizer claramente para o público: "Nós somos um animal como outro qualquer". Então havia isso, em parte. Mas tinha um outro lado: a grande aventura do conhecimento da história natural dependeu muito do acúmulo de exemplares das coleções que começaram no Renascimento. Até a Idade Média, não existia sequer meios de preservação de espécimes, e não havia interesse em preservar espécimes para que estudos comparativos fossem realizados. Para pensar na História Natural de Aristóteles, eu gosto muito de uma historiadora, a Paula Findlen, que fala que a história natural antes do Renascimento era quase um estilo literário — porque ela existia como literatura, e não como uma área de investigação. E o que se diz é que a ausência de coleções deixadas por Aristóteles talvez tenha impedido essa tradição de produção do conhecimento, já que as pessoas não podiam questionar o que ele tinha dito, porque não tinham os espécimes para comparar e dizer o que faz sentido e o que não faz. É um movimento que começa fortemente no Renascimento, com um acúmulo gigantesco de coleções no século 18 e a sistematização que Lineu vai produzir na sua grande obra, o *Systema Naturae*. E isso vai começar a dar uma ordem para olhar essa diversidade infinita que os europeus não imaginavam que existiria. Os naturalistas viajaram pelo globo e foram vendo a quantidade impressionante de formas diferentes. Quando você chega no século 19, você tem o privilégio da perspectiva de muitos estudos comparativos já realizados. Você tem a anatomia comparada como uma disciplina bem consolidada, você tem a paleontologia... Você tem lugares com acervos para olhar, estudar, examinar, questionar, e aos quais você pode voltar mais de uma vez. Então, nessa perspectiva, havia uma quantidade muito grande de dados para começar a inferir padrões. E Darwin ainda teve o privilégio de fazer uma viagem de circum-navegação em que ele pôde inserir também o contexto geográfico para a diversidade que encontrava. Ele pôde comparar a fauna de um lugar, de outro lugar, e se perguntar: "Por que diferentes animais em diferentes locais? Por que diferentes formas em diferentes tempos? Por que existe essa substituição de formas no tempo e no espaço?"... Foram perguntas legítimas que ele começou a fazer — e ele tinha como responder. Quando não tinha evidências, você ficava especulando: "Deus fez assim, deve ser obra do criador...", ou outras respostas mais esotéricas. Mas no século 19 havia evidências materiais que permitiam que essas questões fossem feitas, respondidas e até questionadas: "Não concordo com você, vou lá, examino o material e posso formar a minha própria opinião". Então, acho que esse período, nesse sentido, e graças aos museus, de certa forma, foi privilegiado para a gente de fato pavimentar o caminho que era necessário para as ciências da natureza se transformarem. Principalmente para a biologia se transformar nessa ciência poderosíssima no século 21.

E o que foi a biologia do século 20? Como ela transformou aspectos da nossa vida, até dessa compreensão de quem somos nós, com a história do genoma humano? Há tantas coisas interessantes que aconteceram e que dependeram dessa questão, e daí a importância das coleções reunidas no século 19. Este é um problema que o mundo contemporâneo precisa encarar: a gente não pode se dar ao luxo de permitir que incêndios destruam o patrimônio dos museus, que é um patrimônio para a humanidade. Existe hoje uma série de questões ambientais e, para que elas sejam respondidas, é necessário o acesso às informações que estão nesses acervos — e, quanto mais longínquas as coleções dos acervos, melhor. Por exemplo, aqui no Museu de Zoologia da Universidade de São Paulo, temos uma coleção centenária que começou a ser formada no final do século 19. Mas a gente vem coletando espécimes sistematicamente, desde o início do século 20, em várias regiões do país. Assim, a gente tem aqui exemplares de espécies que não existem mais, que frequentaram ambientes que já foram totalmente destruídos e que podem responder a uma série de perguntas que ainda nem foram colocadas sobre mudanças climáticas e o impacto disso na biodiversidade.

Tem uma coisa curiosa: o século 19, com a teoria da evolução, acabou inaugurando um certo declínio dos museus de história natural, porque em seguida as pesquisas em biologia foram se tornando muito experimentais. A ciência foi dando mais foco para esse tipo de pesquisa, desenvolvido principalmente nos laboratórios dentro das universidades. E aquela pesquisa mais tradicional, de comparação e taxonomia (dar nome a seres da natureza), foi perdendo o apelo que tinha até então. Os museus entraram num período um pouco nebuloso. Mas desde meados do século 20 isso está sendo totalmente revertido, com a questão da crise ambiental ocupando fortemente o cenário internacional. Eu acho que a Rio-92 foi um marco importante que tivemos, com a Convenção sobre Diversidade Biológica, que estabeleceu em 1992 uma série de regulamentações para o fluxo de material biológico no mundo. Começamos a ter muitas leis que controlam esse fluxo. E ao mesmo tempo tem um incentivo muito grande à produção de conhecimento em regiões onde ainda existe reserva de biodiversidade, como o Brasil. A USP chegou a ocupar o primeiro lugar no ranqueamento internacional de pesquisa em zoologia, e eu sei que em zoologia e botânica o Brasil tem uma posição de destaque no mundo — não é à toa. Mas dependemos dessas coleções de museus. Elas foram importantes para Darwin, e elas serão importantes também para novas descobertas que vão impactar a nossa vida fortemente. Precisamos muito chamar a atenção das pessoas para a importância de tudo isso. A importância da salvaguarda dessas coleções, que são públicas.

Já que você falou da questão climática que temos que enfrentar, queria saber que diferença faz olhar para essas crises hoje em dia, conhecendo a teoria da seleção natural. Que diferença faz pensar em Darwin para pensar na crise climática?

Se formos olhar para a história da biodiversidade no planeta, passamos por alguns momentos que chamamos de extinção em massa. Conhecemos esses eventos pretéritos e a extensão deles, não só a temporal mas também a taxonômica: sabemos quantos grupos foram extintos nesses eventos. E isso levanta um alarme especial a respeito do que vivemos neste momento. Porque hoje sabemos que a velocidade com que os eventos de extinção atuais estão acontecendo é muito mais rápida do que no passado. A natureza tem uma capacidade muito forte de resolver crises. Se certos grupos desaparecem, outros surgem — mas precisa de tempo para isso.

A nossa própria espécie, que é recente, surgiu num cenário específico de biodiversidade. E ela é totalmente dependente dessa biodiversidade. Uma das formas que a gente encontrou para falar sobre isso com o nosso público aqui no museu é chamar a atenção para os tais serviços ecossistêmicos. A natureza provê uma série de serviços, chamados de serviços ecossistêmicos, que têm inclusive um valor econômico. Isso de prover a água, o ar que a gente respira, a moradia, até aspectos mais imateriais como a cultura ou inspiração para a cultura. Tudo isso tem valor — valor material e imaterial para nós. E a gente espera que a natureza continue provendo esses serviços, mas, para tal, os ecossistemas precisam estar saudáveis. O crescimento populacional de seres humanos teve uma curva explosiva nos últimos anos, com hábitos de vida que são extremamente custosos em termos de recursos ambientais. Precisamos dar conta, cada vez mais, dessa pressão que exercemos sobre o meio ambiente.

Existem alguns dados da ecologia que nos mostram o que acontece quando ocorre uma expansão muito grande de espécies cujo impacto nos ecossistemas é muito grande. O sistema precisa de alguma forma de equilíbrio — e a natureza vai alcançá-lo. Se a gente quer evitar a catástrofe, o sofrimento humano, está na hora de usar a maior ferramenta que a evolução nos forneceu, que é essa racionalidade em que a gente se arvora. Somos *Homo sapiens*. Eu acho que, nesse momento, isso está em xeque, se somos realmente merecedores desse título. Porque, em caso positivo, a gente precisa olhar para essas questões de uma forma um pouco mais sustentável. Temos muito conhecimento sobre os impactos que nossa própria expansão pode representar para a nossa espécie. Devemos usar o conhecimento acumulado a favor das decisões que precisam ser tomadas — o que, aliás, parece ser uma coisa que está fora de moda. Parece que os políticos cada vez menos baseiam as suas decisões em pesquisas de qualidade, informação, evidências... São sempre coisas muito impulsivas. E a gente não pode se dar ao luxo, na margem em que nos encontramos, para esse tipo de ingerência sobre questões tão importantes. O Brasil tem a peculiaridade de ser um país megadiverso: sozinho, ele representa cerca de 20% de toda a diversidade planetária. Temos uma responsabilidade em relação ao resto do planeta. Essa coisa de "A Amazônia é minha, não é sua"... Eu não estou falando de soberania política, eu estou falando que essas questões afligem a humanidade. Não adianta falar: "Ah, o europeu destruiu antes"... Não interessa. A casa é única, moramos todos nós nela.

Você falou da nossa racionalidade, disso de sermos Homo sapiens. *Qual é a inovação de Darwin em relação à concepção do que é o ser humano?*

Eu vou dar uma volta enorme para responder a essa pergunta. Eu acho que Darwin foi um grande estrategista. Quando embarcou no *Beagle*, ele ainda tinha uma visão de teólogo natural; ainda acreditava que as espécies eram criadas, que existia uma grande harmonia na natureza, que cada espécie cumpria uma função específica e que isso se mostrava na economia da natureza, como ele chamava, e que esse era um sistema muito bem orquestrado por um criador. Mas, depois que voltou de viagem, ele foi muito hábil em dialogar com naturalistas do passado e em fazer perguntas, em reunir fatos e evidências para colocar em xeque as ideias dele mesmo. Uma das coisas mais preciosas de Darwin é que ele se tornou ao longo do tempo um grande objeto de história da ciência, porque ele escreveu muito, não só publicações. Existe um número enorme de publicações de Darwin, mas ele deixou também muitos registros, não publicados, mas que hoje estão disponíveis on-line — em sites com correspondências suas, com os manuscritos etc. E esses manuscritos nos ajudam a compreender o processo de formação das ideias dele, que é um dos aspectos mais interessantes de seu trabalho. Então você vai ver o Darwin da década de 1830, o Darwin da década de 1850, e encontrar pensamentos, formas de ver diferentes.

Na década de 1830, Darwin já estava questionando os padrões. Sobre as diferenças entre as espécies, ele começou a pensar: "Ah, mas não faz sentido considerar uma forma inferior a outra". Ele chegou a afirmar: é claro que os seres humanos vão medir todo mundo pelo atributo que é mais precioso para eles, que são as faculdades intelectuais.

Mas e se o juiz fosse a abelha? E se fosse dado à abelha julgar? Será que ela acharia que a faculdade intelectual desse primata é útil para fazer aquelas colmeias com favos perfeitos, hexagonais, ou danças para a comunicação e tudo o mais? Claro que não. Então, Darwin já via aí um viés antropocêntrico: se nós somos os juízes, nós vamos julgar que as nossas faculdades são as melhores. Ele conseguia reconhecer, com isso, que cada linhagem encontrou uma estratégia diferente, que não é melhor nem pior, porque os organismos estão associados a modos de vida distintos. E esses modos de vida nunca são os ideais. Por isso a seleção natural está sempre atuando, tudo é sempre temporário, provisório — as nossas respostas são totalmente diferentes das respostas das bactérias que nos habitam, por exemplo.

As pessoas às vezes ficam chocadas ao saber que a gente tem dez vezes mais bactérias no corpo do que células humanas, e que essas bactérias não são menos evoluídas do que nós. Elas estão sujeitas aos processos de evolução, ao tempo, tanto quanto nós. São as representantes mais evoluídas da linhagem delas, assim como nós somos os mais evoluídos da nossa linhagem — que não inclui os chimpanzés. Os chimpanzés são uma outra linhagem que compartilha com a nossa um ancestral em comum.

Darwin, quando foi construindo a visão dele da diversidade, muito distinta na teologia natural, sabia que existia um preconceito enorme em colocar o homem no meio dessa história toda. Havia um preconceito religioso, moral. As pessoas achavam que, ao declarar que nós compartilhávamos um ancestral com os primatas, isso ia acabar com a moralidade e, assim, todos se sentiriam livres para agir de maneira totalmente desconectada dos princípios éticos da época. De certa forma, nessa questão da moralidade, o que Darwin diz é que a moral é construída ao longo do processo de seleção: ela é resultado da seleção natural. A moralidade vem de baixo para cima; não é dada, imposta por um ente sobrenatural ou seja o que for. Ela é mais forte, porque tem base na natureza. Nós temos ética e moral porque vivemos em grupo, e isso é totalmente necessário para os organismos que têm algum tipo de convívio em grupo. Essa necessidade de viver em grupo é o que exige que a gente tenha regras de comportamento. Mas, ainda assim, Darwin resolveu não colocar os seres humanos no *A origem das espécies*, em 1859. E ele não precisou colocar. Porque essa era uma das questões que já estava dada na época.

No século 19, o pensamento evolutivo não estava restrito às ciências naturais. Muito pelo contrário. Todo mundo estava pensando na evolução, inclusive sociólogos como Herbert Spencer. Questionava-se, até, se os seres humanos teriam uma única origem ou várias origens, porque isso talvez pudesse ajudar a justificar a escravidão, na medida em que haveria múltiplos ancestrais, e não um só. De acordo com essa ideia, você poderia dizer: "Esse sujeito não faz parte da mesma espécie, então tudo bem escravizar" — o que é uma coisa horrorosa. Mas, em última instância, o que Darwin diz é que somos todos parentes, e o que muda é o grau de parentesco entre nós. Não interessa se é mais distante, menos distante. O respeito é necessário. A consequência disso, por exemplo, é pessoas no século 20, 21, estenderem direitos humanos a animais não humanos. A gente está vendo que isso está acontecendo, principalmente para os grandes símios, os grandes primatas. É muita maldade o que fazem com eles. Sabemos que eles estão sujeitos à depressão, como muitos outros animais. Essa é uma questão que também está dada, e que foi dada lá, desde Darwin, quando ele fez o trabalho sobre a ascendência do homem na obra que ficou conhecida em português como *A origem do homem* (1871). Ele fez um estudo comparativo entre nós e os demais animais para mostrar que a gente não difere radicalmente. É só em grau. São pequenas coisas que se alteraram em nós, mas os outros grupos também tiveram outros aspectos que se alteraram neles e que os tornam diferentes. É isso que ele mostra. Agora, uma das coisas mais lindas é que a segunda parte de *A origem do homem* fala sobre outra teoria, que é a seleção sexual. Essa é uma coisa muito especial de Darwin, era uma visão que ele tinha para além da seleção natural. E por que para além da seleção natural? Porque a seleção natural, para Darwin, explicava aqueles caracteres adaptativos que responderiam a uma maior sobrevivência, mas caberia à seleção sexual, a uma maior taxa reprodutiva dos organismos que tivessem essas variações, repassar tais caracteres adiante.

Você poderia falar um pouco mais sobre a seleção natural e a seleção sexual?

Então, vamos lá. Qual foi a grande mudança de visão que Darwin propôs? Como se tinha poucos exemplares nas coleções antigas de museus, as espécies eram definidas e descritas a partir, muitas vezes, de exemplares únicos. Dessa maneira, você pegava um único exemplar, chamava-o de "tipo" e a visão que se tinha era de que esse exemplar deveria ter a essência da espécie. Assim, ele corresponderia à imagem platônica do que seria essa espécie. Você associaria o nome a esse exemplar e bastaria isso. Descrevia... e não precisava de mais nada. Darwin vai dizer que não é bem assim. Que, na verdade, não existe um tipo para uma determinada espécie; existe uma variabilidade imensa dentro das populações de cada espécie. Se a gente se entreolhar aqui e agora, vai ver que, num mesmo país, numa mesma cidade, tem uma variação imensa de fenótipos. E ele começou a pensar: "Mas por que isso?". Primeiro: para que essa variabilidade tão grande se as espécies são criadas? Por que elas não são homogêneas? E aí Darwin começou a pensar sobre o significado dessa variabilidade. E propôs a questão da descendência com modificação. Então, o que ele vai dizer é que as espécies passam por esse processo de descendência com modificação por meio de uma coisa que era meio desconhecida na época: a hereditariedade. Os pais contribuem com as suas características para as gerações futuras.

Essa foi a primeira ideia que Darwin teve sobre as transformações que as espécies poderiam sofrer. Ou seja, que as espécies não eram fixas — o que era a ortodoxia da época. E que, pelo contrário, elas mudariam por esse processo de descendência com modificação. Essa ideia já estava na cabeça de Darwin na década de 1830. Em 1836, era algo que ele já estava esboçando. Em 1838, a gente sabe que ele leu o trabalho de Malthus, *Ensaio sobre a população*, que dizia que a população cresceria exponencialmente, enquanto os recursos alimentares para essa população cresceriam em ritmo bem mais baixo, em progressão aritmética. Malthus concluía dizendo que haveria uma luta pela sobrevivência. E Darwin, na mesma hora, pensou: os indivíduos não são iguais. Em seguida, ele observou outro fato: animais e plantas geram muito mais "sementes" do que o número de indivíduos que prospera e se reproduz, que chega na idade adulta ou reprodutiva. Ele fez alguns cálculos e viu que, se todas as sementes de uma determinada árvore prosperassem... imagina o que seria o mundo! Não teria espaço para nada. E a mesma coisa para os animais, que são pródigos em produzir gametas, mas nem todos chegam à idade reprodutiva — que é o que funciona para a evolução.

Qual é a chave disso? Darwin pensou: "Tem algumas variações, algumas variabilidades, algumas formas dentre estas tantas, que vão ajudar os indivíduos a passar adiante as suas características. Elas devem ser úteis por alguma razão, garantindo a sobrevivência ou uma melhor possibilidade de alcançar recursos alimentares, de chegar à idade reprodutiva e deixar mais descendentes". Ou seja, a evolução é quase um processo estatístico de transmissão de informação para as futuras gerações.

Só que Darwin começou a perceber que nem todas as características caíam nessa categoria de serem necessárias à sobrevivência, à preservação da espécie. Por exemplo, as penas do pavão macho: como explicar que aquilo vai garantir a sobrevivência dele? Aquelas penas são um chamariz enorme para predadores. Darwin começou a se interessar por essas características que não estavam associadas à sobrevivência. E ele propôs um mecanismo belíssimo, porque atribui a origem da beleza na natureza às fêmeas. Ele pensa: "Esses caracteres que têm um valor estético, muito peculiares, em geral são exacerbados por causa da escolha das fêmeas". As fêmeas preferem os pavões que têm as penas mais bonitas. E, dessa forma, aqueles pavões que têm capacidade de produzir penas mais bonitas vão deixando em maior número essas características para futuras gerações. Os machos lutam para ter acesso ao recurso reprodutivo — então, é uma vantagem vir ornamentado com armas que são utilizadas nessas batalhas. Assim, quanto mais forte, com a arma mais poderosa, mais acesso ao recurso reprodutivo. É aí que Darwin coloca a seleção sexual — que é mencionada brevemente no *A origem das espécies* — ocupando metade do livro sobre a origem do homem. Vocês conseguem entender o porquê?

Darwin provavelmente ficou muito impressionado com esse caráter que a gente tem, que é muito peculiar, e não é nada relacionado à sobrevivência: produzir cultura, ciência, música. Por que essa espécie perde tempo, assim como o pavão perde recursos que ele poderia estar usando com a nutrição, ou para outros fins, com uma coisa que a princípio parece tão supérflua? Eu acho que Darwin estava indicando que, por sermos animais simbólicos, esses atributos têm um papel muito importante na escolha dos parceiros. Essas características acabam permitindo acesso privilegiado ao recurso reprodutivo.

Eu acho que tem ainda outro aspecto que mostra a visão de Darwin sobre nós: na verdade, ele nunca teve dificuldade em lidar com a questão de sermos primatas. Ele observava os orangotangos no zoológico de Londres, especialmente o filhote de orangotango, e dava balinhas de hortelã para ele; quando chegava em casa, fazia a mesma coisa com seu filho, e ia anotando a reação dos dois. Na análise comparativa — ele sabia que isso seria muito informativo —, via expressões faciais parecidas. Ele fez a mesma coisa com a expressão das emoções; escreveu um tratado a esse respeito, comparando vários animais e nós também. Darwin mostra que existe uma história por trás disso. O que, inclusive, me faz pensar, porque durante muito tempo a gente olhava para os animais e atribuía a eles características humanas, mas achava que isso era antropocentrismo... O que Darwin faz é inverter a lógica. Não é antropocentrismo, porque essas expressões faciais não surgiram primeiro em nós. Elas são compartilhadas com outras espécies. Têm uma base natural. Quer dizer, nós não estamos projetando coisas nossas. Estamos identificando padrões que provavelmente compartilhamos com esses outros animais. Então é uma inversão de lógica, uma inversão que ajuda a direcionar nosso olhar para essas questões.

Darwin anota em um dos cadernos dele que o pensamento, que a racionalidade humana, talvez não seja mais que uma secreção do cérebro.

Isso que vocês estão falando é interessantíssimo, porque uma das contribuições dele foi acabar com o dualismo corpo e alma. Darwin deixa claro: o pensamento é uma propriedade emergente de uma matéria. E isso foi algo com que outros naturalistas tiveram muita dificuldade de lidar. Por exemplo, a gente fala do Alfred Russel Wallace, que é coautor da teoria da seleção natural, mas ele teve dificuldade nesse ponto. Wallace achava que, para explicar a origem dos seres humanos, a seleção natural não daria conta. Ele dizia que a seleção natural explica a origem do corpo humano, mas não da alma. Na troca de correspondência entre Darwin e ele, Darwin praticamente indagava: "Justo você? Eu não esperava isso de você!".

É comum perguntarem por que Darwin ficou tão famoso e Wallace não. Primeiro, porque a teoria conjunta foi lida numa sociedade acadêmica, e as pessoas não conseguiram valorizar a contribuição que ela trazia, com tudo o que tinha por trás. E, segundo, porque, em seguida, Darwin, como bom estrategista, publicou *A origem das espécies* nesse estilo quase de divulgação científica. Já naquela época, era uma literatura que todos poderiam ler, com poucos jargões e muito palatável — isso teve um impacto enorme. Ele construiu toda sua credibilidade pessoal seguindo um roteiro muito interessante: de início, foi trabalhar com taxonomia básica. Ele entendeu que, para falar de espécie, precisava ser um especialista. Não podia ser como Robert Chambers, que publicou um livro anônimo para falar de evolução [*Vestiges of the Natural History of Creation*, ou Vestígios da história natural da criação, de 1844] sem autoridade no que dizia, e aí cometeu algumas heresias científicas, como falar em geração espontânea de artrópodes, o que era um pecado já na época. O que aconteceu no caso de Chambers foi que pegaram esses pequenos detalhes e atacaram todo o mérito do trabalho dele. Darwin não podia incorrer nesse erro, então primeiro conquistou uma respeitabilidade. Ele havia recebido medalhas pelos trabalhos com as cracas, e, então, quando publicou o *A origem das espécies*, já carregava essa aura, que é muito importante. Não podiam ridicularizar a teoria dele. Ele tinha todas as credenciais para abordar a questão. Aí, obviamente, em *A origem das espécies*, ele prefere não falar dos homens, e só publica o livro sobre o ser humano quando, curiosamente, outros colegas já tinham falado sobre evolução humana, de modo que isso não era mais um tabu. *A origem das espécies* foi muito mais polêmico do que *A origem do homem*, que foi publicado em 1871, porque todo mundo estava totalmente preparado para ele — confortável ou desconfortavelmente, todos estavam acostumados com a ideia.

Sobre* A origem das espécies*, você pode falar sobre o livro, em si? Contar um pouco até sobre o que você gosta no livro, o que mais chama sua atenção...

Na verdade, é um livro engraçado, porque ele tem essa coisa icônica de ser um divisor de águas, mas é um livro muito pouco lido nas ciências biológicas. Eu até de certa forma entendo, porque de lá para cá muita coisa aconteceu, teve muito conhecimento acumulado. E, no processo de formação de um estudante, não se pode dar conta de tudo.

Darwin disse que esse livro foi um rascunho apressado. Só que não tem nada disso, acho que foi um livro lindamente orquestrado. As ideias foram muito bem apresentadas, o argumento foi muito bem construído, as inúmeras evidências apresentadas foram avassaladoras. E tem o tempo todo uma interlocução com o leitor. Ele fala, no livro inteiro, coisas como: "Você pode preferir acreditar que tenha sido criado, mas então precisa ignorar todos esses fatos que foram aqui apresentados...".

É um livro muito legal, também, porque a gente tem documentos que permitem estudar a sua gênese. Tem um pequeno esboço de 35 páginas, escrito em 1842, em que já aparecem os tópicos do que seria *A origem das espécies*. Depois, tem um esboço de 1844 em que dá para ver o primeiro passo dado em direção ao discurso argumentativo e à apresentação das evidências. De 35 páginas, ele vai para 230 páginas: os tópicos são basicamente os mesmos, a grande diferença está no número de evidências apresentadas e na mudança de tom. Darwin se torna argumentativo.

A gente tem que lembrar que, em 1844, quando ele fez esse segundo esboço, foi publicado o *Vestiges of the Natural History of Creation*, de Robert Chambers, o que fez Darwin ficar especialmente atento às críticas. Como eu disse, o *Vestiges* foi publicado anonimamente, mas, se você pegar as cartas do período, verá que Darwin já desconfiava que o livro era de Chambers. O círculo de pessoas que poderiam ter produzido aquele texto era tão pequeno que, entre elas, era óbvio quem teria sido. E Darwin o leu, acompanhou as críticas... Foi nesse momento que ele fez um recuo e percebeu que precisava estudar um grupo, tornar-se um sistemata, um taxonomista, um especialista na questão da espécie. Esse trabalho foi muito importante, porque permitiu a Darwin olhar para a questão da variabilidade das populações de uma forma que todo taxonomista enfrenta no laboratório. O trabalho de estabelecimento de uma nova espécie pode parecer muito trivial para os leigos, mas não é: é um trabalho que exige um exame extremamente cuidadoso dos exemplares disponíveis e comparações entre eles para que se possa estabelecer os limites do que é de fato uma espécie, o que é uma variação. Darwin inclusive trabalhou sobre esse ponto no *A origem das espécies*.

A gente sabe também que só na década de 1850 Darwin estabeleceu a teoria da seleção natural. Ele chegou a uma analogia muito importante, a analogia com a seleção artificial, que está na origem da concepção da seleção natural. O que ele mostrou foi, por exemplo, o que o homem consegue fazer nas variações de raças de cachorros em um tempo tão curto e o que a natureza seria capaz de fazer em milhões e milhões de anos. Essa analogia, para ele, é muito rica; e é uma analogia que Wallace, por exemplo, negou desde sempre.

Darwin se dedicou à criação de animais e plantas, observou fenômenos e, mais do que isso, correspondeu-se com criadores de animais e plantas do mundo inteiro. Ele mandava questionários para coletar dados, para produzir o seu livro — foram tantos que ele chegou a pedir desculpas. Quando, em 1856, terminou o trabalho das cracas, ele retomou o livro das espécies. Darwin tinha aqueles dois esboços, e entendeu que estava na hora de produzir a sua grande obra. E então foi trabalhando no manuscrito que ficou conhecido como *Natural Selection* [Seleção natural], que era o grande livro das espécies, mas que estava se tornando uma obra de escala colossal. Até que chegou a carta de Wallace, em 1858. E aí eles decidiram pela publicação conjunta do artigo.

Eu sempre acho que as pessoas deveriam ler com mais atenção tanto a contribuição de Darwin quanto a de Wallace, porque suas ideias são menos parecidas do que concluímos à primeira vista. Eu acho que o estado meio depressivo de Darwin, que estava vivendo uma crise familiar na época em que a carta chegou, fez com que ele olhasse só de forma muito rasteira e superficial para o manuscrito de Wallace, que continha algumas das ideias da seleção natural, mas não era absolutamente igual ao que ele tinha desenvolvido até então. São coisas bem distintas, a gente consegue assinalar essas diferenças sem dificuldades. Mas ele queria fazer justiça a Wallace e se sentiu responsável quando o jovem pesquisador lhe mandou o manuscrito para ver se ele achava que aquilo tinha algum valor. Wallace pediu para Darwin encaminhar o texto para Charles Lyell, geólogo e grande amigo de Darwin, para ajudá-lo a publicar. E aí tinha essa questão de cavalheirismo do século 19, e eles decidiram por fazer a publicação conjunta. Foi na Sociedade Lineana, apresentada por Lyell e por Joseph Hooker, um botânico, outro grande amigo de Darwin. Eles fizeram essa leitura em primeiro de junho de 1858. Mas o trabalho ficou meio perdido. E, obviamente, depois disso Darwin se sentiu na urgência de abandonar aquela produção lenta do grande livro sobre as espécies e fazer o que chamou de um resumo, que virou *A origem das espécies*. Ele entendeu que tinha que publicar logo o texto, porque senão perderia a prioridade nesse esforço de tantos anos. E então se dedicou a concluir esse livro.

O texto é muito claro, contundente. Ele tem alguns problemas, que são inerentes à própria produção do conhecimento, porque Darwin usou uma linguagem quase teológica. Mas essa era a linguagem disponível para falar sobre os fenômenos, considerando que até então o que explicava a diversidade era a teologia natural.

Falar em criador era quase um jargão que existia na época, e, se ele queria se comunicar com as pessoas que tratavam desses assuntos, precisava usar essa linguagem, porque, se de uma hora para outra ele criasse uma linguagem nova, ninguém iria entender ao que ele se referia. Ele mesmo lamentou por ter usado muitas vezes esse tipo de termo no *A origem das espécies*.

É curioso também que a palavra "evolução" seja a última do texto em inglês, na sexta edição do livro. Sabemos que o uso dessa palavra foi outra coisa que ele lamentou, por ter levado ao Darwinismo Social — uma forma de preconceito social. A questão é que a evolução pode ser lida como progresso, e isso mascara a ideia original da sua teoria, que é a "descendência com modificação". Esse termo, mais amplo, é o que ele achava que faria mais jus às suas ideias do que "evolução", ainda que, dali em diante, ele mesmo passasse a usar essa palavra cada vez mais.

Quando Darwin publicou *A origem das espécies*, ele se recolheu. Não foi lutar. Ali tinha uma briga, ele sabia: todo mundo que falou sobre a mutabilidade das espécies causou uma grande balbúrdia ou foi solenemente ignorado. E ele imaginou que isso aconteceria, por isso seguiu todo aquele roteiro de criar uma respeitabilidade; ele sabia que alguma coisa iria acontecer com a publicação daquele volume. Mas não foi brigar pessoalmente — isso não fazia parte dos recursos de sua personalidade, brigar publicamente. Ele não era uma pessoa agressiva, pelo contrário. Mas teve um grupo de naturalistas que partiu em defesa daquelas ideias. E aí veio uma questão, que é fascinante: esses "darwinistas", entre aspas, de primeira geração, defenderam ideias que não eram 100% fiéis às ideias do próprio Darwin. Cada naturalista darwinista de primeira geração tinha, em algum momento, algum problema com a visão de Darwin. Podia ser em relação à seleção natural, que foi o caso de Charles Lyell; podia ser em relação ao processo gradual da evolução, caso de Thomas Henry Huxley; podia ser em relação à seleção sexual, à origem do homem, caso de Alfred Russel Wallace. E podia ser em relação à ideia da evolução divergente, como no caso de Ernst Haeckel, que foi uma pessoa muito importante para ajudar a criar a confusão que aconteceu no início do século 20 com a teoria da evolução e a associação dela com a biologia social.

Então, havia pessoas defendendo Darwin, mas que não eram integralmente fiéis às ideias do próprio Darwin. E isso tem um impacto ainda hoje, quando as pessoas se perguntam o que seria o tal do darwinismo. É muito difícil estabelecer uma resposta. O darwinismo são as ideias de Darwin. Mas que Darwin? Da década de 1850, 1840 ou 1830? Darwinismo é o quê? São as ideias de Wallace, que escreveu um livro chamado *Darwinismo* e que disse, depois da morte de Darwin, que ele é quem defendia o verdadeiro darwinismo, defendendo coisas totalmente estranhas ao pensamento de Darwin? Wallace inclusive teve a oportunidade de debater com Darwin, e Darwin chegou a dizer que tudo aquilo era um absurdo. As pessoas falavam que eram elas quem defendiam o verdadeiro darwinismo, mas o verdadeiro darwinismo era o delas, não o de Darwin. Usa-se esse termo, darwinismo, que parece englobar muito, mas na verdade não engloba quase nada — porque, na medida em que tudo cabe nele, ele não tem muito sentido.

Você falou antes que as pessoas confundem e pensam que o homem veio do chimpanzé, por exemplo. Queria saber outras confusões que você acha que ainda fazem, e quais as dificuldades que existem ainda hoje no senso comum em relação à teoria de Darwin.

Eu acho que mitos assim são muitos. Primeiro, as pessoas acreditam que, tendo a nossa cultura, o nosso desenvolvimento tecnológico, não estamos sujeitos à seleção natural. Mas estamos tão sujeitos à seleção natural que, o tempo todo, existem novos organismos invadindo o nosso corpo. Hoje a gente está lidando com a questão do coronavírus, e isso é uma luta armamentista entre microrganismos e nós. A gente precisa de vacinas porque esses microrganismos estão sempre encontrando um jeito de enganar o nosso sistema imunológico e nos parasitar de alguma forma. Estamos sempre lutando contra esse tipo de coisa. As pressões seletivas mudaram. No século 19, a taxa de mortalidade infantil era de cerca de 50%. Isso não acontece mais. Foi algo que conseguimos reverter. Mas vemos que existem taxas de mortalidade que podem ser até ampliadas pela cultura, e que elas têm impacto, também, em relação à representação dos genes no futuro: é bem mais comum que parcelas da população em cidades violentas, como as cidades violentas do nosso país, morram antes da idade reprodutiva, ou em idade reprodutiva, em relação a outras parcelas. E talvez a gente pudesse chamar isso de seleção artificial, infelizmente, porque é uma seleção provocada pelo homem; o ponto é que estamos vendo que existem grupos sujeitos a esse tipo de violência mais do que outros. E existem outras questões que estão dadas. Se imaginarmos, no passado, quando éramos caçadores, coletores, dependentes de recursos naturais, quando precisávamos obter recursos diretamente da natureza, que a maior parte de nós fosse míope, não temos dúvida de que seria uma tragédia. Como iríamos fugir de predadores? Hoje a gente consegue reverter algumas coisas, mas absolutamente não estamos livres da seleção natural. Fazemos parte desse equilíbrio dinâmico de todos os seres vivos que compartilham com a gente o planeta neste momento. Assim como eles estão lutando, nós também estamos, e carregamos muitos deles aqui dentro da gente.

Outro mito é aquele que vem da ideia platônica, antiga, que permanece aqui, de que os seres humanos representam a espécie mais evoluída do planeta. Grande bobagem. Como eu falei antes, as bactérias que estão dentro do nosso corpo são as mais evoluídas da linhagem delas. Os chimpanzés são os mais evoluídos da linhagem deles. E não: nós não viemos do chimpanzé. Quando as pessoas dizem que Darwin falou que o homem veio do macaco... Não foi isso que ele disse. Ele não disse que o homem veio *do* macaco, mas que veio *de um* macaco — porque na verdade *somos* um. Então, claro, se nós somos um macaco, então viemos de um macaco — ele deixa isso claro. Somos primatas, não tem sombra de dúvida. Agora, não viemos de uma espécie vivente contemporânea a nós. O interessante é que as perguntas que têm sentido biológico para Darwin são perguntas históricas. Darwin inseriu a biologia — que era totalmente a-histórica, independia de tempo — inexoravelmente numa ciência histórica. Existem as perguntas que fazem sentido, que são, por exemplo, qual a relação que temos com os chimpanzés? Essas perguntas têm que ser respondidas olhando para trás, para o passado, retroativamente, buscando ancestrais comuns entre nós e os chimpanzés do presente, ancestrais que compartilhamos com eles. E tentar compreender: eles seguiram um caminho, nós seguimos outro caminho. Chimpanzés não vão virar seres humanos; nós não vamos virar chimpanzés.

Queria que você falasse um pouco mais sobre essa ideia do tempo na biologia. Como Darwin se insere nesse debate?

Até a época de Darwin, as pessoas lidavam com um tempo muito curto para a história da Terra. E ele tinha uma visão de que, para que pudesse ocorrer esse processo de descendência com modificação, a seleção natural, comparando-o à atuação do homem sobre as espécies, essa capacidade que o homem tinha de alterar as espécies contemporâneas pelo processo de seleção artificial, o tempo necessário para produzir a diversidade que hoje a gente observa seria imenso. Só que, na época, não existia evidência para esse tempo tão longo de existência do planeta. E isso foi um problema para ele. Só depois de Darwin é que surgiram métodos de medição que permitiram expandir o horizonte temporal da Terra. A origem da vida no nosso planeta tem cerca de 4 bilhões de anos — essa foi uma chave importantíssima. Mas, ainda assim, com os instrumentos que havia na época, Darwin inferiu que o tempo de idade da Terra era infinitamente superior àquele com que as pessoas trabalhavam. E como ele fez isso? De uma forma muito engenhosa. Quando estava no *Beagle*, na costa do Chile, observou uma erupção vulcânica e, depois, presenciou um terremoto — um terremoto que destruiu uma cidade. Ele fez medições na costa do Chile e viu que houve um soerguimento dos Andes de cerca de quinze centímetros. E, a partir desse terremoto, a Marinha britânica passou a calcular essa elevação sistematicamente; e Darwin começou a fazer alguns estudos sobre isso. Para os Andes, ele já inferiu um lapso temporal infinitamente maior do que aquele que se dava para a origem da Terra, se a gente for pensar nos 4 mil anos clássicos calculados a partir da contagem das gerações bíblicas. Outra coisa que serviu de evidência para isso foi a observação de que, se só com um evento como esse ocorre soerguimento de uma cadeia que parece ser recente, então imagina quantos eventos assim não seriam necessários para gerar cadeias como aquela, ou até maiores. E por que aquela cadeia parecia ser recente? Porque lá no alto dos Andes existe uma floresta fossilizada de árvores de uma espécie que ocorre ainda hoje na Patagônia. E ele conseguiu datar esse grupo. Darwin entendeu que, para aquilo estar na altura que estava, era porque esse soerguimento tinha sido rápido. Então ele começa a expandir o horizonte temporal. Agora, essa não foi uma questão que ele conseguiu fechar durante a sua vida. Só depois é que esses dados se confirmaram.

Uma das coisas que eu acho muito intrigante de Darwin, é que, além do tempo geológico, algumas outras questões eram quase caixas-pretas para ele. A teoria da hereditariedade, por exemplo. Ele desenvolveu uma própria, o que não era nada novo, pegando ideias dos pré-socráticos — de Hipócrates, na verdade — e desenvolveu uma teoria que ficou conhecida como pangênese. Ela é totalmente furada, ninguém fala disso hoje em dia. Mas, se a gente olhar bem, ela é superbonita, porque tem um poder explicativo para os fenômenos que Darwin apresentava. A teoria explicava a descendência com modificação por seleção natural, mas explicava também a herança de caracteres adquiridos, que Darwin também defendia. Aliás, da primeira à sexta edição do *A origem das espécies*, ele foi dando cada vez mais importância à herança de caracteres adquiridos, tanto que as pessoas costumam dizer que a sexta edição é a mais lamarckista. Lembrando que a herança de caracteres adquiridos não é uma teoria exclusiva do Lamarck, ela é mais antiga.

Enfim, apesar das muitas zonas que lhe eram nebulosas, por falta das evidências que ainda não tinham sido elaboradas ou por questões tecnológicas, apesar disso Darwin conseguiu compor uma teoria que, na sua base, continua válida e funcional até hoje. Tem muitos furos, mas você tem que olhar para as ideias gerais. Por exemplo, Darwin diz que ele não se espantaria se as baleias pudessem vir dos ursos negros que nadam de boca aberta... Isso é lindo, mas ele errou. A baleia não veio do urso. Mas veio de um mamífero terrestre. Hoje a gente tem evidências de que provavelmente o mamífero terrestre mais próximo das baleias seria o hipopótamo. Mas a ideia dele é muito bonita, a teoria é muito bonita — porque permite uma certa predição. Você consegue prever alguns fenômenos com base nela. Isso mostra que, de certa forma, ela é poderosa.

Tem mais alguma coisa que você gostaria de comentar?

Queria falar da presença das mulheres na vida de Darwin. Ele se beneficiou muito de muitas revisoras — tinha a filha dele, o apoio da esposa... As mulheres davam muito apoio para ele, a família participava muito das revisões dos textos de Darwin. Eu acho que ele se torna um personagem para a divulgação científica até bastante simpático, porque ele não era um cientista arrogante. Ele tinha posturas muito éticas, muito condizentes, e, ao mesmo tempo que era bem-sucedido, teve uma vida familiar, com aquele número enorme de crianças... Ele teve dez filhos, mas sete sobreviveram. E ele tinha uma relação afetuosa com essas crianças, era um pai carinhoso. Uma evidência disso, por exemplo, é que a gente tem pouquíssimos remanescentes do manuscrito do *A origem das espécies*, e muitos deles são desenhados pelos filhos no verso, porque ele aproveitava papel. Então os meninos entravam no escritório e Darwin dava papel para eles desenharem. Eu acho que ele tem um componente de homem comum, e acho que a gente precisa de exemplos dessa natureza.

Darwin perdeu a mãe muito cedo. E o pai disse para ele, muito cedo, que ele seria uma vergonha para si mesmo e para a família porque não levava os estudos a sério. E a gente está aqui, tanto tempo depois, falando das contribuições dele. Falamos de uma, basicamente, mas tem botânicos que reivindicam que as contribuições dele para a botânica foram mais importantes do que a teoria da evolução.

Darwin foi um grande cientista, e deixou muitas anotações, então podemos saber muito sobre ele: as partidas de gamão, quantas voltas ele deu com o cachorro, sobre a saúde das crianças... tudo, ele anotava absolutamente tudo... Isso humaniza esse personagem, que era também superinseguro, chorava no colo da mulher... Mas eu entendo. Darwin falou, lá na década de 1840, quando saiu o livro do Robert Chambers, numa carta para Joseph Hooker, que falar que as espécies não eram fixas era como cometer um assassinato. Isso tinha um peso moral na época. Eu costumo contar essa história para os meus alunos, porque quem vive no mundo pós-darwiniano não consegue dimensionar o impacto moral que havia em dizer que as espécies não eram fixas. A gente já tem isso por garantido, porque ele teve coragem, teve estômago — por mais que tenha vomitado muito no *Beagle* e em casa —, ele teve estômago para deixar esse legado para a gente. Ele dedicou a vida a ser uma pessoa coerente, respeitada, para poder fazer essa contribuição. Então eu acho que, simbolicamente, ele apresenta alguns dos valores que a gente tem e que são importantes para a divulgação científica. Longe da iconografia, da idolatria, não é isso. É porque, a partir dele, a gente consegue explorar tantas coisas importantes, tantos outros nomes que surgem, que ele de fato merece ser lembrado.

AGRADECIMENTOS

Este livro só foi possível graças à equipe que trabalhou na produção da primeira temporada do podcast *Vinte Mil Léguas* — uma produção da Associação Quatro Cinco Um em parceria com a Livraria Megafauna e com apoio do Instituto Serrapilheira.

CRIAÇÃO DO PODCAST E EDIÇÃO DOS ROTEIROS Fernanda Diamant
TRILHA ORIGINAL E EXECUÇÃO Fred Ferreira
EDIÇÃO E FINALIZAÇÃO DE SOM Nicholas Rabinovitch
PRODUÇÃO EXECUTIVA Mariana Shiraiwa
PROJETO GRÁFICO E ILUSTRAÇÕES Deborah Salles
REVISÃO TÉCNICA DOS ROTEIROS Reinaldo José Lopes
EDIÇÃO DAS NEWSLETTERS Gabriel Joppert
TRANSCRIÇÃO DAS ENTREVISTAS Marina Cartum
PREPARAÇÃO VOCAL Lívia Nestrovski

Agradecemos especialmente a
Antônio "Galo" dos Santos Sobrinho, Zilda de Fátima Santos e família, Arthur Nestrovski, Bia Machado, Cláudia Varejão, Luis Campagnoli, Marcos Cartum, Miguel Nassif, Noemi Jaffe, Ronaldo Albanese, Silvana Scarinci, Yera Dahora.

NOTAS

P. 7

1. Trad. de Paulo Neves. São Paulo: L&PM Pocket, 2008.

CAPÍTULO 1

1. Charles Darwin, *Voyage of the* Beagle. Londres: Penguin Books, 1989. Todas as traduções dos trechos citados são nossas, salvo quando indicado.

2. Com raras exceções, as cartas citadas ao longo deste livro podem ser encontradas, em inglês, no site Darwin Correspondence Project, <www.darwinproject.ac.uk>, da Universidade de Cambridge. Nele, estão disponíveis também muitos dos cadernos e diários de Darwin para consulta, além de uma quantidade generosa de materiais didáticos e textos explicativos a respeito de aspectos de sua vida e obra. Carta de Susan Darwin em 12 de maio de 1832. "Letter nº 170".

3. Trecho da autobiografia de Darwin, reproduzido em *Entendendo Darwin: a viagem a bordo do HMS* Beagle *pela América do Sul. A autobiografia de Charles Darwin* (Trad. de Débora da Silva Guimarães Isidora e Mirian Ibanez. São Paulo: Planeta, 2009).

4. Darwin Correspondence Project, carta do dia 8 de fevereiro de 1832. "Letter nº 158".

5. Carta à sua irmã Caroline em 28 de abril de 1831. Id., "Letter nº 98".

6. Darwin Correspondence Project, carta a C. T. Whitley em 19 de julho de 1831. "Letter nº 102A".

7. Carta de J. M. Herbert de 2 de junho de 1882. John van Wyhe (Org.), *The Complete Work of Charles Darwin Online*, 2002.

8. Trecho citado pelo Darwin Correspondence Project em nota de rodapé a uma carta de Frederick Watkins a Darwin do dia 18 de setembro de 1831. Darwin Correspondence Project, "Letter nº 130".

9. Darwin Correspondence Project, carta de Darwin a seu pai em 31 de agosto de 1831. "Letter nº 110".

10. John Milton, *Paradise Lost & Paradise Regained*. Nova York: Signet Classics/ New American Library, 1968.

11. Trecho de Charles Darwin, *Voyage of the* Beagle. Londres: Penguin Books, 1989.

12. Adrian J. Desmond e James Richard Moore, *Darwin. The Life of a Tormented Evolutionist*. Nova York: W.W. Norton & Company, 1994.

13. Trecho de Charles Darwin, *Voyage of the* Beagle, op. cit.

14. Ibid.

15. Darwin Correspondence Project, carta de Robert Darwin ao filho em 7 de março de 1833. "Letter nº 201".

16. Id., carta a John Henslow de 18 de maio de 1832. "Letter nº 171".

17. Biblioteca Nacional (Brasil), *Anais da Biblioteca Nacional do Rio de Janeiro, v. LVI: cartas de Luís Joaquim dos Santos Marrocos, escritas do Rio de Janeiro à sua família em Lisboa*. Rio de Janeiro: Ministério da Educação, 1934.

18. Maria Graham, *Journal of a Voyage to Brazil and Residence There, During Part of the Years 1821, 1822, 1823*. Londres: Longman, Hurst, Rees, Orme, Brown and Green, 1824.

19. Luís Gastão d'Escragnolle Dória, "Darwin no Rio". *Revista da Semana*, 15 jul. 1922; Brasil Gerson, "Largo dos Leões". *O Jornal*, 2 fev. 1956; Brasil Gerson, "Pequena história dos bairros do Rio. Botafogo". *O Jornal*, 14 jun. 1959; Antônio Batista Pereira, *Figuras do Império e outros ensaios*. São Paulo: Companhia Editora Nacional, 1934.

20. Trecho de Charles Darwin, *Voyage of the* Beagle, op. cit.

21. Id. Ibid.

22. Esse trecho, que pertence ao diário do *Beagle*, pode ser acessado na íntegra no site The Victorian Web.

23. Charles Darwin, *Autobiography of Charles Darwin*. Nova York: W.W. Norton & Company, 1993.

24. Ver Michael Ruse, *The Darwinian Revolution: Science Red in Tooth and Claw*. Chicago: University of Chicago Press, 1999.

25. Darwin Correspondence Project, carta a Caroline Darwin, em outubro--novembro de 1832. "Letter nº 188".

26. Trecho de Charles Darwin, *Voyage of the* Beagle, op. cit.

27. Ibid.

28. Herman Melville, *The Encantadas, or Enchanted Isles*.

29. Ibid.

30. Trecho de Charles Darwin, *Voyage of the* Beagle, op. cit.

31. Perguntas coletadas de diversas passagens de *Voyage of the* Beagle, ibid.

32. Darwin Correspondence Project, carta a Leonard Horner, em 29 de agosto de 1844. "Letter nº 771".

33. Charles Lyell, *Principles of Geology*. Londres: Penguin Books, 1998.

34. Trecho de Charles Darwin, *Voyage of the* Beagle, op. cit.

35. Charles Darwin, *Autobiography of Charles Darwin*. Nova York: W.W. Norton & Company, 1993.

36. Ibid.

CAPÍTULO 2

1. Carta a H. Davy, em 1º de janeiro de 1800. E.L. Griggs (Org.), *Collected Letters of Samuel Taylor Coleridge. 1785-1800*. Oxford: Oxford University Press, 1956, v. 1.

2. "[...] os intelectuais londrinos para mim parecem uns batatinhas — isto é, coisa pouca! —, uma mistura de nulidade com monotonosidade! Carta de Coleridge a Robert Southey em 17 de julho de 1797. Ibid.

3. "*I attended Davy's lectures to enlarge my stock of metaphors*". Carta de 1802 citada por Richard Holmes em *The Age of Wonder: The Romantic Generation and the Discovery of the Beauty and Terror of Science*. Nova York: Vintage Books, 2010.

4. Charles Darwin, *On the Origin of Species*. 6ª ed. Nova York: Modern Library, 1998.

5. No ensaio "Male Nipples and Clitoral Ripples", Stephen Jay Gould comenta as duas hipóteses que Erasmus Darwin levantou para esse problema: na primeira,

os mamilos seriam vestígios de uma utilidade passada, e a humanidade — como sugeriu Platão — seria originalmente hermafrodita. Na segunda, alguns homens também amamentariam. Por falta de evidências, Erasmus Darwin fez como exemplo uma analogia com os pombos, já que tanto os machos quanto as fêmeas produzem fluidos de cor leitosa. Stephen Jay Gold, "Male Nipples and Clitoral Ripples". *Columbia: A Journal of Literature and Art*, n. 20, 1993, pp. 80-96.

6. Erasmus Darwin, *Zoonomia, or the Laws of Organic Life*. Londres: J. Johnson, 1794.

7. Desmond King-Hele (Org.), *Charles Darwin's The life of Erasmus Darwin*. Cambridge: Cambridge University Press, 2003.

8. Aristóteles, *História dos animais*. Trad. de Maria de Fátima Sousa e Silva. São Paulo: WMF Martins Fontes, 2014.

9. Lineu, *Philosophia Botanica*. Trad. para o inglês de Stephen Freer. Oxford. Oxford University Press, 2005.

10. "*Deus creavit, Linnaeus disposuit*". A frase, em latim, foi citada por D. H. Stöver em *Leben des Ritters Carl Von Linné: nebst den biographischen Merkwürdigkeiten seines Sohnes, des Professors Carl von Linné* (Hamburgo: Benjamin Gottlob Hoffmann, 1792).

11. Ver David Quammen, "A paixão pela ordem". *National Geographic*, jun. 2007, pp. 120-135.

12. Trecho de carta de Lineu para Domenico Vandelli escrita em Uppsala no dia 3 de fevereiro de 1759. *De Vandelli para Lineu, De Lineu para Vandelli: correspondência entre naturalistas*. Trad. de Bianca Fanelli Morganti. Rio de Janeiro: Dantes, 2008.

13. Ver David Quammen, op. cit.

14. Apud Elizabeth Kolbert, *A sexta extinção: uma história não natural*. Trad. de Mauro Pinheiro. São Paulo: Intrínseca, 2014.

15. Apud Elizabeth Kolbert, op. cit.

16. Id. Ibid.; William Bynum, *Uma breve história da ciência*. São Paulo: L&PM, 2014.

17. Apud Elizabeth Kolbert, op. cit., p. 50.

18. Charles Darwin, "A autobiografia de Charles Darwin". In: *Entendendo Darwin — A viagem a bordo do HMS* Beagle *pela América do Sul; A autobiografia de Charles Darwin.* São Paulo: Editora Planeta, 2009.

19. Elizabeth Kolbert, op. cit.

20. Id. Ibid.

21. Id. Ibid.

22. Id. Ibid.

23. Honoré de Balzac, "Prefácio". *A comédia humana*. Trad. de Vidal de Oliveira. São Paulo: Globo, 2012.

24. Id., *A comédia humana. A pele de onagro*. Trad. de Paulo Neves. São Paulo: L&PM Pocket, 2008.

25. "Enquanto o Cuvier mergulhou o homem no abismo dos tempos, o Darwin mostrou que mesmo a sua forma atual, a nobre configuração humana, é efeito do tempo e é, ao que tudo indica, transitória." Pedro Paulo Pimenta, *A trama da natureza: organismo e finalidade na época da ilustração*. São Paulo: Unesp, 2018.

26. Edmund Gosse, *Father and Son: a Study of Two Temperaments*. Londres: Vintage Classics, 2018.

27. Charles Kingsley, apud Edmund Gosse, ibid.

28. Stephen Jay Gould, "O umbigo de Adão". In: ______, *O sorriso do flamingo*. Trad. de Luís Carlos Borges. São Paulo: Martins Fontes, 1990; Martin Gardner, "Geologia versus Gênesis". In: ______, *Manias e crendices em nome da ciência*. Trad. de Jorge Rêgo Freitas. São Paulo: Ibrasa, 1960.

CAPÍTULO 3

1. Janet Browne, *Charles Darwin Voyaging*. Londres: Random House, 1995.

2. Id. Ibid.

3. Referência a um antigo nome científico da espécie, cunhado no século 19 pelo antropólogo Johann Friedrich Blumenbach, hoje em desuso: *Ornithorhynchus paradoxus*.

4. Darwin Correspondence Project, carta de Lyell em 26 de dezembro de 1836. "Letter nº 335".

5. Cada um desses assuntos esteve presente em uma carta diferente, todas disponíveis no Darwin Correspondence Project: respectivamente, "Letter nº 8524", "Letter nº 1477", "Letter nº 13840", "Letter nº 11214".

6. Charles Darwin, "Entrada de 29 de setembro". *Voyage of the* Beagle. Londres: Penguin Books, 1989.

7. Id. Ibid.

8. Stephen Jay Gould, "Why Darwin". *New York Review of Books*, 4 abr. 1996.

9. Charles Darwin, caderno de março de 1837.

10. Janet Browne, *Charles Darwin Voyaging*, op cit.

11. Para mais sobre os arquipélagos e a sua importância científica, ver David Quammen, *O canto do dodô*. Trad. de Carlos Afonso Malferrari. São Paulo: Companhia das Letras, 2008.

12. Peter Medawar, "Darwin's Illness". *The Strange Case of the Spotted Mice and Other Classic Essays on Science*. Oxford/Nova York: Oxford University Press, 1996.

13. Mais infomações em: https://news.osu.edu/study-darwin-was-right-to-worry-that-marriage-to-his-cousin-affected-his-offspring/. Acesso em: 27 dez. 2021.

14. A descrição dos experimentos é detalhada por Elizabeth Kolbert em *A sexta extinção*. Trad. de Mauro Pinheiro. São Paulo: Intrínseca, 2015.

15. Darwin Correspondence Project, carta a Catherine Darwin em 22 de maio de 1833. "Letter nº 206".

16. *Entendendo Darwin: a viagem a bordo do HMS* Beagle *pela América do Sul. A autobiografia de Charles Darwin*. Trad. de Débora da Silva Guimarães Isidora e Mirian Ibanez. São Paulo: Planeta, 2009.

17. Stephen Jay Gould, "Mr. Sophia's Pony". *Natural History*, v. 105, n. 6, jun. 1996, pp. 20-69.

18. Id. Ibid.

19. Charles Darwin, *Caderno de anotações B* (1837-1838).

20. Charles Darwin, *Caderno de anotações C* (1838).

21. Id., *Caderno de anotações M* (1838).

22. Id. Ibid.

23. Id., *Caderno de anotações N* (1838-1839).

24. Id., *Caderno de anotações B* (1837-1838).

25. Pedro Paulo Pimenta, *Darwin e a seleção natural*. Coimbra: Edições 70, 2020.

26. Stephen Jay Gould, "Why Darwin". *The New York Review of Books*, 4 abr. 1996. Disponível em: <https://www.nybooks.com/articles/1996/04/04/why-darwin/>. Acesso em: 9 set. 2021.

27. Stefano Mancuso, *Revolução das plantas: um novo modelo para o futuro*. Trad. de Regina Silva. São Paulo: Ubu, 2019.

28. Charles Darwin, *Voyage of the* Beagle, op. cit.

29. Id., *A origem das espécies*. Trad. de Pedro Paulo Pimenta. São Paulo: Ubu, 2018.

30. Gillian Beer, *Darwin's Plots*. Cambridge: Cambridge University Press, 2009.

31. Trecho de *Entendendo Darwin: a viagem a bordo do HMS* Beagle *pela América do Sul. A autobiografia de Charles Darwin*. Trad. de Débora da Silva Guimarães Isidora e Mirian Ibanez. São Paulo: Planeta, 2009.

32. Harold Bloom, *Genius: A Mosaic of One Hundred Exemplary Creative Minds*. Nova York: Warner Books, 2003.

33. Virginia Woolf, "George Eliot". *The Times Literary Supplement*, 20 nov. 1919.

34. Carta de Henry James ao próprio pai, citada em Colm Tóibín, "Creating 'The Portrait of a Lady'". *The New York Review of Books*, 19 jul. 2007.

35. George Eliot, "Introduction". *Middlemarch*. Londres: Penguin Books, 2011.

36. Gillian Beer, op. cit.

37. George Eliot, op. cit.

38. Darwin Correspondence Project, carta de 11 de julho de 1861. "Letter nº 3206".

CAPÍTULO 4

1. Jonathan Wordsworth (Org.). *The Prelude: the Four Texts (1798, 1799, 1805, 1850)*. Londres: Penguin Classics, 1995.

2. Departamento de Assuntos Econômicos e Sociais, "World population prospects". ONU, 2019.

3. H. G. Wells, *War of the worlds*. Londres: Penguin Group, 2009.

4. Id. Ibid.

5. Luís Guimarães Júnior. *Sonetos e rimas*. Rio de Janeiro: Academia Brasileira de Letras, 2010.

6. Araripe Júnior, *José de Alencar: perfil literário. Obra crítica de Araripe Júnior*. Rio de Janeiro: Fundação Casa de Rui Barbosa, 1958.

7. Os exemplos foram citados em Bee Wilson, "Mmmm, Chicken Nuggets". *London Review of Books*, v. 41, n. 16, 15 ago. 2019.

8. Essa história pode ser lida com mais detalhes no livro de Dava Sobel, *Longitude*. São Paulo: Companhia das Letras, 2008.

9. Charles Dickens, *Dombey and Son*. Londres: Penguin, 2006.

10. Em *Orlando* (1928), apud Gillian Beer, op. cit.

11. G. K. Chesterton, *Orthodoxy*. Nova York: John Lane Company, 1909.

12. Karl Marx, *Theories of Surplus Value* (1861-1863). Marxists Internet Archive.

13. H. G. Wells, op. cit.

14. Charles Darwin, *A origem das espécies*. Trad. de Pedro Paulo Pimenta. São Paulo: Ubu, 2018.

15. Quem oferece a explicação é David Quammen, em seu livro *As dúvidas do Sr. Darwin*. Trad. de Ivo Korytowski. São Paulo: Companhia das Letras, 2007.

16. Charles Darwin, ibid.

17. A teoria é exposta e defendida por Stephen Jay Gould no artigo "Kropotkin Was No Crackpot" (*Natural History*, v. 97, n. 7, 1988, pp. 12-21).

18. Anotação a lápis feita por Darwin nas margens do quinto volume da edição in-

glesa de *Voyage aux régions équinoxiales du nouveau continent*, de Alexander von Humboldt. Apud Andrea Wulf, *A invenção da natureza*. São Paulo: Crítica, 2019.

19. Charles Darwin, *Caderno de anotações D* (1838).

20. H. G. Wells, op. cit.

21. Charles Lyell, *Principles of Geology*. Londres: Penguin Books, 1998.

22. H. G. Wells, op. cit.

23. Id. Ibid.

24. Id. Ibid.

25. Id. Ibid.

26. Charles Darwin, *A origem das espécies*, op. cit.

27. Id. Ibid.

28. Charles Darwin, *Caderno de anotações B* (1837-1838).

29. Darwin Correspondence Project, carta para o amigo botânico Joseph Hooker em 11 de janeiro de 1844. "Letter nº 729".

30. Sedgwick estava comentando o lançamento de *Vestiges of the Natural History of Creation*, de Robert Chambers, publicado anonimamente em 1844, um livro que tratava da transmutação das espécies de maneira clara, direcionada a um público amplo, e alcançou grande sucesso na sociedade vitoriana.

31. Darwin Correspondence Project, carta de 5 de julho de 1844. "Letter nº 761".

32. "Urra! Passei 52 horas sem vomitar!" Darwin Correspondence Project, carta de Charles Darwin a J. D. Hooker em 26 de março de 1864. "Letter nº 4436".

33. Para saber mais sobre o jardim da Down House, ver Michael Boulter, *O jardim de Darwin: Down House e a origem das espécies*. São Paulo: Larousse do Brasil, 2009.

34. O último livro de Darwin é, justamente, um pequeno tratado sobre minhocas, *The Formation of Vegetable Mould Through the Action of Worms, with Observations of Their Habits* [A formação da terra vegetal através da ação de minhocas, com observações de seus hábitos, 1881], no qual ele comenta esse e tantos outros experimentos involuntariamente cômicos.

35. Janet Browne, *Charles Darwin: o poder do lugar*. Trad. de Otacílio Nunes. São Paulo: Unesp, 2011.

36. Relato de Francis Darwin citado em Janet Browne (Sel. e Org.), *Darwin por Darwin: um panorama de sua vida e obra através dos seus escritos*. Trad. de Maria Luiza X. de A. Borges. São Paulo: Zahar, 2019.

37. H. G. Wells, op. cit.

38. Id. Ibid.

39. Humphrey Milford (Org.), *The Table Talk and Ominana of Samuel Taylor Coleridge*. Londres: Oxford University Press, 1917. Entrada de *Table Talk*, 1836.

40. Samuel Taylor Coleridge, "To a Young Ass" [1794]. In: William Keach (Org.) *The Complete Poems of Samuel Taylor Coleridge.* Londres: Penguin Classics, 1997.

41. Id., "The Aeolian Harp" [1795]. Ibid.

CAPÍTULO 5

1. Bruno Schulz, *Sanatório sob o signo da clepsidra*. Trad. de Henryk Siewierski. São Paulo: Cosac Naify, 2012.

2. Michael Shermer, *Darwin's Shadow: The Life and Science of Alfred Russel Wallace*. Oxford/Nova York: Oxford University Press, 2002.

3. Apud Michael Shermer, ibid.

4. Id. Ibid.

5. Id. Ibid.

6. Id. Ibid.

7. Id. Ibid.

8. Carta a Charles Lyell citada em Michael Shermer, ibid.

9. Darwin Correspondence Project, carta de Charles Lyell e John Hooker à Sociedade Lineana de 30 de junho de 1858. "Letter nº 2299".

10. Id. Ibid.

11. Michael Ruse, *The Darwinian Revolution: Science Red in Tooth and Claw*. Chicago: University of Chicago Press, 1999.

12. Charles Darwin, *A origem das espécies*, op. cit.

13. Id. Ibid.

14. Id. Ibid.

15. Apud Angus Trumble, "*O Uommibatto*, How the Pre-Raphaelites Became Obsessed with the Wombat", The Public Domain Review, 10 de janeiro, 2019.

16. Apud Angus Trumble, "Rossetti's Wombat: A Pre-Raphaelite Obsession in Victorian England", palestra em National Library of Australia, 16 de abril de 2003.

17. Francis Darwin (Org.), *The Life and Letters of Charles Darwin*. Londres: John Murray, 1887, v. I.

18. Charles Darwin, *A origem das espécies*, op. cit.

19. Id. Ibid.

20. Id. Ibid.

21. Id. Ibid.

22. Stephen Jay Gould, *Ever Since Darwin: Reflections in Natural History*. Nova York/Londres: ww Norton and Company, 1992.

23. Charles Darwin, *A origem das espécies*, ibid.

24. Para saber mais sobre a teoria da pré-formação, recomendamos também o capítulo "Acerca de heróis e de tolos na ciência", também presente no livro *Darwin e os grandes enigmas da vida*, de Stephen Jay Gould (São Paulo: Martins Fontes, 1987).

25. Charles Darwin, *A origem das espécies*, ibid.

26. Entrada do dia 24 de novembro, 1859. Margaret Harris; Judith Johnston (Org.), *The Journals of George Eliot*. Londres: Cambridge University Press, 2000.

27. Francis Darwin (Org.), *More Letters of Charles Darwin*. Londres: John Murray, 1903, v. II.

28. Charles Darwin, *A origem das espécies*, op. cit.

29. Id. Ibid.

30. Id. Ibid.

31. Carta de Samuel Taylor Coleridge a Thomas Poole em outubro 1797. E.L. Griggs (Org.), *Collected Letters of Samuel Taylor Coleridge. 1785-1800*. Oxford: Oxford University Press, 1956, v. 1.

32. Honoré de Balzac, *A comédia humana. A pele de onagro*. Trad. de Paulo Neves. São Paulo: L&PM Pocket, 2008.

33. Charles Darwin, *A origem das espécies*, op. cit.

34. Id. Ibid.

35. Id. Ibid.

36. Arthur Waley, *The Way and Its Power: The Tao Te Ching and Its Place in Chinese Thought*. Londres: Unwin Paperbacks, 1977.

37. Charles Darwin, *A origem das espécies*, op. cit.

38. Bruno Schulz, *Sanatório sob o signo da clepsidra*, op. cit.

SUGESTÕES DE LEITURA

LIVROS DE CHARLES DARWIN DISPONÍVEIS EM PORTUGUÊS

A origem das espécies. Trad. de Pedro Paulo Pimenta. São Paulo: Ubu, 2018.

Entendendo Darwin: a viagem a bordo do HMS Beagle *pela América do Sul; A autobiografia de Charles Darwin*. Trad. de Débora da Silva G. Isidoro e Mirian Ibanez. São Paulo: Planeta, 2009.

Janet Browne (Org.). *Darwin por Darwin: um panorama de sua vida e obra através de seus escritos*. Trad. de Maria Luiza de A. Borges. São Paulo: Zahar, 2019.

LIVROS SOBRE DARWIN E A TEORIA DA SELEÇÃO NATURAL

Janet Browne. *Charles Darwin: viajando*. Trad. de Gerson Yamagami. São Paulo: Unesp, 2011.

________. *Charles Darwin: o poder do lugar*. Trad. de Otacílio Nunes. São Paulo: Unesp, 2011.

________. *A origem das espécies de Darwin: uma biografia*. Trad. de Maria Luiza de A. Borges. São Paulo: Zahar, 2007.

Stephen Jay Gould. *O sorriso do flamingo*. Trad. de Luís Carlos Borges. São Paulo: Martins Fontes, 1990.

________. *Darwin e os grandes enigmas da vida*. Trad. de Maria Elizabeth Martinez. São Paulo: Martins Fontes, 1987.

Charles Lenay. *Darwin*. Trad. de José Oscar de A. Marques. São Paulo: Estação Liberdade, 2004.

Ernst Mayr. *O que é a evolução*. Trad. de Ronaldo Sergio de Biasi e Sergio Coutinho de Biasi. Rio de Janeiro: Rocco, 2009.

Pedro Paulo Pimenta. *A trama da natureza: organismo e finalidade na época da ilustração*. São Paulo: Unesp, 2018.

Pirula e Reinaldo José Lopes, *Darwin sem frescura: como a ciência evolutiva ajuda a explicar algumas polêmicas da atualidade*. São Paulo: Harper Collins, 2019.

David Quammen. *As dúvidas do Sr. Darwin*. Trad. de Ivo Korytowski. São Paulo: Companhia das Letras, 2007.

OBRAS DE DIVULGAÇÃO CIENTÍFICA

William Bynum. *Uma breve história da ciência*. São Paulo: L&PM, 2014.

Martin Gardner. *Manias e crendices em nome da ciência*. Trad. de Jorge Rêgo Freitas. São Paulo: Ibrasa, 1960.

Elizabeth Kolbert. *A sexta extinção: uma história não natural*. Trad. de Mauro Pinheiro. São Paulo: Intrínseca, 2014.

Stefano Mancuso. *Revolução das plantas: um novo modelo para o futuro*. Trad. de Regina Silva. São Paulo: Ubu, 2019.

Ernst Mayr. *Biologia, ciência única*. Trad. de Marcelo Leite. São Paulo: Cia das Letras, 2005.

_______. *Isto é biologia*. Trad. de Claudio Angelo. São Paulo: Cia das Letras, 2008.

David Quammen. *O canto do dodô*. Trad. de Carlos Afonso Malferrari. São Paulo: Companhia das Letras, 2008.

Dava Sobel. *Longitude*. São Paulo: Companhia das Letras, 2008.

De Vandelli para Lineu, De Lineu para Vandelli: correspondência entre naturalistas. Trad. de Bianca Fanelli Morganti. Rio de Janeiro: Dantes, 2008.

OBRAS LITERÁRIAS

Honoré de Balzac. *A comédia humana. A pele de onagro*. Trad. de Paulo Neves. São Paulo: L&PM Pocket, 2008.

George Eliot. *Middlemarch: um estudo da vida provinciana*. Trad. de Leonardo Fróes. São Paulo: Pinard, 2022.

John Milton. *Paraíso perdido*. Trad. de Daniel Jonas. São Paulo: Editora 34, 2016.

H. G. Wells. *Guerra dos mundos*. Trad. de Thelma Médici Nobrega. São Paulo: Companhia das Letras, 2016.

EM INGLÊS

Gillian Beer. *Darwin's Plots*. Cambridge: Cambridge University Press, 2009.

Stephen Jay Gould. *Ever Since Darwin: Reflections in Natural History*. Nova York; Londres: WW Norton and Company, 1992.

Richard Holmes. *The Age of Wonder: The Romantic Generation and the Discovery of the Beauty and Terror of Science*. Nova York: Vintage Books, 2010.

Michael Ruse. *The Darwinian Revolution: Science Red in Tooth and Claw*. Chicago: University of Chicago Press, 1999.

Michael Shermer. *Darwin's Shadow: The Life and Science of Alfred Russel Wallace*. Oxford/Nova York: Oxford University Press, 2002.

Alfred North Whitehead. *Science and the Modern World.* Nova York: Mentor Book, 1956.

CRÉDITOS DAS IMAGENS

Capa, pp. 15, 139 Reprodução gentilmente concedida por Syndics of Cambridge University Library.

p. 2 Retrato de Charles Darwin em aquarela de George Richmond, 1840. Coleção Darwin Museum, Down House.

pp. 16-7, 21 *The Popular Science Monthly*, v. 57, p. 87. Reprodução do frontispício de *Journal of Researches into the Natural History and Geology of the Various Countries Visited by HMS* Beagle *around the World, under the Command of Capt. FitzRoy*. Primeira edição ilustrada. Londres: John Murray (A viagem do *Beagle*).

p. 28 Classificação de nuvens, prancha x para *The Weather Book*, de R. Fitzroy, 2. ed., 1863, © The Royal Society.

pp. 30-1 Mapa-múndi com a rota do *Beagle*. © Sémhur / Wikimedia Commons / CC-BY-SA-3.0

p. 32 *Tombadilho de um homem de guerra em aventura ou Cenas interessantes em uma viagem interessante*. Uma caricatura da tripulação do HMS *Beagle* desenhada na costa da Argentina (Baía Blanca), de 24 de setembro de 1832, presumivelmente pintada pelo artista a bordo Augustus Earle.

p. 36 Página 4 do *Jornal do Commercio* de 6 de julho de 1832. Arquivo JC/D.A Press.

p. 40 Josiah Wedgwood, *Am I Not a Man and a Brother?*, 1787.

p. 43 Georges Cuvier, *Recherches sur les ossemens fossiles*, 1812. Cortesia de The Linda Hall Library of Science, Engineering & Technology.

p. 49 *M[ou]nt Sarmiento 6800*, Caderno III (MS Add 7983), por Conrad Martens (1801-1878), 1833-1834. Reprodução gentilmente concedida por Syndics of Cambridge University Library.

p. 50 *Valparaiso [varandas das casas]*. Caderno III (MS Add 7984), por Conrad Martens (1801-1878), 1833-1834. Reprodução gentilmente concedida por Syndics of Cambridge University Library.

pp. 52-3, 77 Esta prancha foi originalmente publicada no artigo de Georges Cuvier de 1798-99, e pode ser encontrada em Martin Rudwick; Georges Cuvier. *Georges Cuvier, Fossil Bones, and Geological Catastrophes: New Translations and Interpretations of the Primary Texts*. Chicago: University of Chicago Press, 1998, p. 23.

p. 66 Carl von Linné [1707-1778], Wellcome Collection, 1806.

p. 71 Ex-libris de Erasmus Darwin presente em: "Darwin's Seal". *Angus Carroll Writings*. Disponível em: <http:// https://anguscarroll.files.wordpress.com/2012/02/e-darwin-bookplate-with-motto.jpg>

p. 76 Cortesia de The Linda Hall Library of Science, Engineering & Technology.

pp. 98-9, 109 Tentilhões de Darwin ou tentilhões de Galápagos, 1845. *Journal of researches into the Natural History and Geology of the Various Countries Visited during the Voyage of HMS* Beagle *around the World, under the Command of Capt. FitzRoy*. Londres: RN Publishers, 2 ed.

p. 106 *Richard Owen "montado em seu passatempo"*, 1873. Caricatura de Frederick Waddy. *Frederick Waddy: Cartoon Portraits and Biographical Sketches of Men of the Day*. Londres: 1873, s. 36.

p. 111 Dodô (*Raphus cucullatus*) era uma ave que não voava, endêmica das ilhas Maurício, localizadas no oceano Índico. Por Frederick William Frohawk (1861-1946). Fonte: Lionel Walter Rothschild, *Extinct Birds: An Attempt to Unite in One Volume a Short Account of Those Birds which Have Become Extinct in Historical Times...* Londres: Hutchinson, 1907.

p. 118 Retrato de Syms Covington (1816-1861). Autoria desconhecida.

p. 120 *Macrauchenia patachonica*, 1913. Por Robert Bruce Horsfall (1869-1948).

p. 125 Esboço de Charles Darwin. Seu primeiro diagrama de uma árvore evolutiva, de seu primeiro caderno sobre a transmutação das espécies, 1837, *Caderno B*, p. 36.

p. 136 George Eliot, 1865. Frederick Burton, *The works of George Eliot*, vol. 18. Nova York: The Jenson Society, 1910.

pp. 140-1, 169-70 Henrique Alvim Corrêa (1876-1910).

p. 145 Mulheres trabalhando em grandes máquinas de algodão, uma criança carregando um cesto na cabeça e outras pessoas sentadas nos bancos no canto da sala. Litografia colorida baseada em James Richard Barfoot, 1840. Wellcome Collection.

p. 151 Astronomia: um diagrama que mostra como determinar a longitude. Gravura colorida de J. Emslie, 1851, baseado em si mesmo. Wellcome Collection.

p. 153 Thomas Robert Malthus. Mezzo-tinto de John Linnell, 1834. Wellcome Collection.

p. 161 Richard South, *The Moths of the British Isles, Second Series*, 1909.

p. 167 Retrato de Henry Huxley c. 1857. John M. Clarke, *James Hall of Albany, Geologist and Palaeontologist*, 1821.

p. 180 *Monografia sobre a subclasse* Cirripedia, com figuras de todas as espécies, por Charles Darwin.

p. 182 Ilustrações reproduzidas dos *Annals of botany*, de Isaac Bayley Balfour (1853-1922); Vernon H. Blackman (1872-1967); e Roland Thaxter (1858-1932). Londres: Academic Press, 1909.

p. 185 *Ctenomys magellanicus*, 1896. Reprodução de Alfred Brehm.

p. 186 Brasão da família Darwin presente em: "Darwin's Seal". *Angus Carroll Writings.* Disponível em: <https://anguscarroll.files.wordpress.com/2012/02/e-darwin-bookplate-with-motto.jpg>

pp. 192-3, 205 Primeira edição de *A origem das espécies*, 1859.

p. 199 Sapo voador do arquipélago malaio. Alfred Russel Wallace, *The Malay Archipelago: The Land of the Orang-utan, and the Bird of Paradise. A Narrative of Travel, with Sketches of Man and Nature*. Nova York: Harper & Bros, 1869.

p. 207 Charles Darwin com seu cavalo Tommy. Reprodução gentilmente concedida por Syndics of Cambridge University Library.

p. 209 Melancias do século 17 em quadro de Giovanni Stanchi. Roma c. 1645-1672. Melancias, pêssegos, peras e outras frutas em uma paisagem. Óleo sobre tela, 98 × 133,5 cm.

p. 211 Vernon Lyman Kellogg, Mary Isabel McCracken, *The Animans and Man: An Elementary Textbook of Zoology and Human Physiology.* Nova York: H. Holt and Company, 1911.

p. 213 Gustav Mützel, *Brehms Tierleben*, Small Edition, 1927.

p. 219 Espécime fóssil de *Opabinia regalis* do xisto Burgess em exibição no museu Smithsonian em Washington, DC. Este parece ser o espécime exato retratado na figura 42 de *The Crucible of Creation: The Burgess Shale and the Rise of Animals*, de Simon Conway Morris (Oxford University Press, 1998).

p. 226 Detalhe de *Modern Whaling & Bear-Hunting*, de William Gordon Burn-Murdoch (Filadélfia: J. B. Lippincott, 1917, p. 217).

p. 228 Thomas Bell; Charles Darwin; Elizabeth Gould; John Gould; Richard Owen; George Robert Waterhouse. *The zoology of the voyage of H.M.S.* Beagle, 1842.

ÍNDICE REMISSIVO

SERVIÇO SOCIAL DO COMÉRCIO
Administração Regional no Estado de São Paulo

Presidente do Conselho Regional
Abram Szajman
Diretor Regional
Danilo Santos de Miranda

Conselho Editorial
Ivan Giannini
Joel Naimayer Padula
Luiz Deoclécio Massaro Galina
Sérgio José Battistelli

Edições Sesc São Paulo
Gerente Iã Paulo Ribeiro
Gerente adjunta Isabel M. M. Alexandre
Coordenação editorial Francis Manzoni, Clívia Ramiro, Cristianne Lameirinha, Jefferson Alves de Lima
Produção editorial Thiago Lins
Coordenação gráfica Katia Verissimo
Produção gráfica Fabio Pinotti, Ricardo Kawazu
Coordenação de comunicação Bruna Zarnoviec Daniel

Edições Sesc São Paulo
Rua Serra da Bocaina, 570 – 11º andar
03174-000 – São Paulo SP Brasil
Tel: 55 11 2607-9400
edicoes@sescsp.org.br
sescsp.org.br/edicoes
/edicoessescsp

EDITORA Fernanda Diamant
COORDENADORA EDITORIAL Eloah Pina
ASSISTENTE EDITORIAL Mariana Correia Santos
AUXÍLIO DE PESQUISA E ADAPTAÇÃO Rafael Monte
PREPARAÇÃO Diana Rosenthal Szylit
REVISÃO Luicy Caetano e Anabel Ly Maduar
ÍNDICE REMISSIVO Maria Claudia Carvalho Mattos
DIRETORA DE ARTE Julia Monteiro
CAPA E PROJETO GRÁFICO Flávia Castanheira
TRATAMENTO DE IMAGENS Carlos Mesquita
IMAGEM DE CAPA Syndics of Cambridge University Library
EDITORAÇÃO ELETRÔNICA Página Viva

Dados Internacionais de Catalogação na Publicação (CIP)
(Câmara Brasileira do Livro, SP, Brasil)

Cartum, Leda
As vinte mil léguas de Charles Darwin : o caminho até "A origem das espécies" / Leda Cartum, Sofia Nestrovski. — São Paulo, SP : Fósforo : Edições Sesc São Paulo, 2022.

ISBN: 978-65-89733-54-6 [Editora Fósforo]
ISBN: 978-65-86111-78-1 [Edições Sesc São Paulo]

1. Ciências naturais 2. Darwin, Charles, 1809-1882. A origem das espécies 3. Podcast (Redes sociais online) 4. Vinte Mil Léguas (Podcast) I. Nestrovski, Sofia. II. Título.

21-95186 CDD — 576.82

Índice para catálogo sistemático:
1. Darwinismo : Evolução : Ciências da vida 576.82
Eliete Marques da Silva — Bibliotecária — CRB/8-9380

EDITORA FÓSFORO
Rua 24 de Maio, 270/276, 10º andar, salas 1 e 2 — República
01041-001 — São Paulo, SP, Brasil — Tel: (11) 3224.2055
contato@fosforoeditora.com.br / www.fosforoeditora.com.br

Este livro foi composto em Abril Text e
Trade Gothic e impresso pela Ipsis
em papel Pólen Soft 80 g/m² da Suzano
para a Editora Fósforo e as Edições Sesc
São Paulo em março de 2022.